百年大计　教育为本

U0229404

机械测量技术

主　编：张　精　邵　洁　姚　明
副主编：冯忠伟　邵晓娜　曹　敏
参　编：（排名不分先后）
　　　　侍效雷　吴　诚　方　雁
　　　　丁　燕　蒋玉芳
主　审：陆浩刚

北京理工大学出版社
BEIJING INSTITUTE OF TECHNOLOGY PRESS

内 容 简 介

本书共有七个项目，主要内容包括机械测量基础知识、尺寸公差及检测、角度公差及检测、形状公差及检测、方向与位置公差及检测、螺纹的检测以及表面粗糙度的检测等。根据项目知识点和技能点的要求，又分化成若干个任务，由零化整，逐渐深入，通过典型项目，以任务为驱动开展知识点和技能点的学习。

本书可作为五年制高职、技工学校、中等职业学校机械制造、机电一体化、模具制造、数控技术等专业的专业基础课程的教材，也可作为相关人员的自学用书和参考书。

图书在版编目（CIP）数据

机械测量技术 / 张精，邵洁，姚明主编. —北京：北京理工大学出版社，2020.2
（2024.2 重印）

ISBN 978 – 7 – 5682 – 8126 – 3

Ⅰ.①机…　Ⅱ.①张…　②邵…　③姚…　Ⅲ.①技术测量 – 高等学校 – 教材
Ⅳ.①TG801

中国版本图书馆 CIP 数据核字（2020）第 021690 号

责任编辑：梁铜华	**文案编辑：**梁铜华	
责任校对：周瑞红	**责任印制：**王美丽	

出版发行 / 北京理工大学出版社有限责任公司
社　　址 / 北京市丰台区四合庄路 6 号
邮　　编 / 100070
电　　话 / （010）68914026（教材售后服务热线）
　　　　　　（010）68944437（课件资源服务热线）
网　　址 / http://www.bitpress.com.cn

版 印 次 / 2024 年 2 月第 1 版第 6 次印刷
印　　刷 / 三河市华骏印务包装有限公司
开　　本 / 787 mm×1092 mm　1/16
印　　张 / 14
字　　数 / 323 千字
定　　价 / 42.00 元

江苏联合职业技术学院院本教材出版说明

江苏联合职业技术学院自成立以来，坚持以服务经济社会发展为宗旨、以促进就业为导向的职业教育办学方针，紧紧围绕江苏经济社会发展对高素质技术技能型人才的迫切需要，充分发挥"小学院、大学校"办学管理体制创新优势，依托学院教学指导委员会和专业协作委员会，积极推进校企合作、产教融合，积极探索五年制高职教育教学规律和高素质技术技能型人才成长规律，培养了一大批能够适应地方经济社会发展需要的高素质技术技能型人才，形成了颇具江苏特色的五年制高职教育人才培养模式，实现了五年制高职教育规模、结构、质量和效益的协调发展，为构建江苏现代职业教育体系、推进职业教育现代化做出了重要贡献。

我国社会的主要矛盾已经转化为人们日益增长的美好生活需要与发展不平衡不充分之间的矛盾，因此我们只有实现更高水平、更高质量、更高效益、更加平衡、更加充分的发展，才能全面实现新时代中国特色社会主义建设的宏伟蓝图。五年制高职教育的发展必须服从服务于国家发展战略，以不断满足人们对美好生活需要为追求目标，全面贯彻党的教育方针，全面深化教育改革，全面实施素质教育，全面落实立德树人根本任务，充分发挥五年制高职贯通培养的学制优势，建立和完善五年制高职教育课程体系，健全德能并修、工学结合的育人机制，着力培养学生的工匠精神、职业道德、职业技能和就业创业能力，创新教育教学方法和人才培养模式，完善人才培养质量监控评价制度，不断提升人才培养质量和水平，努力办好人民满意的五年制高职教育，为决胜全面建成小康社会、实现中华民族伟大复兴的中国梦贡献力量。

教材建设是人才培养工作的重要载体，也是深化教育教学改革、提高教学质量的重要基础。目前，五年制高职教育教材建设规划性不足、系统性不强、特色不明显等问题一直制约着内涵发展、创新发展和特色发展的空间。为切实加强学院教材建设与规范管理，不断提高学院教材建设与使用的专业化、规范化和科学化水平，学院成立了教材建设与管理工作领导小组和教材审定委员会，统筹领导、科学规划学院教材建设与管理工作，制定了《江苏联合职业技术学院教材建设与使用管理办法》和《关于院本教材开发若干问题的意见》，完善了教材建设与管理的规章制度；每年滚动修订《五年制高等职业教育教材征订目录》，统一组织五年制高职教育教材的征订、采购和配送；编制了学院"十三五"院本教材建设规划，组织18个专业和公共基础课程协作委员会推进了院本教材开发，建立了一支院本教材开发、编写、审定队伍；创建了江苏五年制高职教育教材研发基地，与江苏凤凰职业教育图书有限公司、苏州大学出版社、北京理工大学出版社、南京大学出版社、上海交通大学出版社等签订了战略合作协议，协同开发独具五年制高职教育特色的院本教材。

今后一个时期，学院将在推动教材建设和规范管理工作的基础上，紧密结合五年制高职教育发展新形势，主动适应江苏地方社会经济发展和五年制高职教育改革创新的需要，以学院 18 个专业协作委员会和公共基础课程协作委员会为开发团队，以江苏五年制高职教育教材研发基地为开发平台，组织具有先进教学思想和学术造诣较高的骨干教师，依照学院院本教材建设规划，重点编写和出版约 600 本有特色、能体现五年制高职教育教学改革成果的院本教材，努力形成具有江苏五年制高职教育特色的院本教材体系。同时，加强教材建设质量管理，树立精品意识，制订五年制高职教育教材评价标准，建立教材质量评价指标体系，开展教材评价评估工作，设立教材质量档案，加强教材质量跟踪，确保院本教材的先进性、科学性、人文性、适用性和特色性建设。学院教材审定委员会将组织各专业协作委员会做好对各专业课程（含技能课程、实训课程、专业选修课程等）教材出版前的审定工作。

本套院本教材较好地吸收了江苏五年制高职教育最新理论和实践研究成果，符合五年制高职教育人才培养目标定位要求。教材内容深入浅出，难易适中，突出"五年贯通培养、系统设计"专业实践技能经验的积累，重视启发学生思维和培养学生运用知识的能力。教材条理清楚、层次分明、结构严谨、图表美观、文字规范，是一套专门针对五年制高职教育人才培养的教材。

学院教材建设与管理工作领导小组
学院教材审定委员会
2017 年 11 月

序　言

2015 年 5 月，国务院印发关于《中国制造 2025》的通知，通知重点强调提高国家制造业创新能力，推进信息化与工业化深度融合，强化工业基础能力，加强质量品牌建设，全面推行绿色制造及大力推动重点领域突破发展等，而高质量的技能型人才是实现这一发展战略的重要途径。

为全面贯彻国家对于高技能人才的培养精神，提升五年制高等职业教育机电类专业教学质量，深化江苏联合职业技术学院机电类专业教学改革成果，并最大限度地共享这一优秀成果，学院机电专业协作委员会特组织优秀教师及相关专家，全面、优质、高效地修订及新开发了本系列规划教材，并配备了数字化教学资源，以适应当前的信息化教学需求。

本系列教材所具特色如下：

● 教材培养目标、内容结构符合教育部及学院专业标准中制定的各课程人才培养目标及相关标准规范。

● 教材力求简洁、实用，编写上兼顾现代职业教育的创新发展及传统理论体系，并使之完美结合。

● 教材内容反映了工业发展的最新成果，所涉及的标准规范均为最新国家标准或行业规范。

● 教材编写形式新颖，教材栏目设计合理，版式美观，图文并茂，体现了职业教育工学结合的教学改革精神。

● 教材配备相关的数字化教学资源，体现了学院信息化教学的最新成果。

本系列教材在组织编写过程中得到了江苏联合职业技术学院各位领导的大力支持与帮助，并在学院机电专业协作委员会全体成员的一直努力下顺利完成了出版任务。由于各参与编写作者及编审委员会专家时间相对仓促，加之行业技术更新较快，教材中难免有不当之处，敬请广大读者予以批评指正，在此一并表示感谢！我们将不断完善与提升本系列教材的整体质量，使其更好地服务于学院机电专业及全国其他高等职业院校相关专业的教育教学，为培养新时期下的高技能人才做出应有的贡献。

江苏联合职业技术学院机电协作委员会
2017 年 12 月

前　言

《国家中长期教育改革和发展规划纲要》《国务院关于加快发展现代职业教育的决定》等一系列重要文件的出台，旨在加快构建现代职业教育体系，促使形成定位清晰、结构合理的职业教育层次，培养高素质劳动者和技术技能型人才。

机械测量是生产制造、产品验收过程中的重要环节，是专业技术人员必备的基本知识和基本技能。教材基于"以服务为宗旨，以就业为导向，以能力为本位，以素质为核心"的职业教育理念，充分体现职业性、实践性和开放性的要求，培养具有工匠精神的高素质技能型人才。

依据《机械产品检测》国家职业标准和《机械测量技术》课程标准，参考各类技能鉴定及大赛的检测要求编写而成的本书具有如下特点：

1. 教材以符合"职业岗位"为目标，以"职业标准"为内容，以"模块项目"为结构，以"职业能力"为核心。全书紧扣指导性人才培养方案和课程标准，满足机械大类专业教学，遵循学生的认知规律，在实训中坚持"教、学、做"相结合的原则，激发学生学习兴趣，培养学生综合职业能力。

2. 以项目为引领、任务为驱动，选取钳工、车工、铣工等各类职业资格鉴定的课题以及技能大赛零件作为教学案例和实训内容，贴近实际、特色鲜明、体系完整。在学习过程中需掌握、了解所需的极限配合知识、常用量具的使用方法和测量技能，同时注重学生综合职业能力的培养。

3. 本书内的操作步骤图文并茂，学习者可通过扫描二维码观看相关知识点和关键操作步骤的三维动画、微课等数字化资源，有效实现静态动态化、形象化，降低课程学习的难度，对提高课堂教学效率和彰显教学效果具有促进作用。

本书由无锡技师学院张精、常熟市职业教育中心邵洁、无锡技师学院姚明担任主编；由无锡技师学院冯忠伟、邵晓娜，常州铁道高等职业技术学校曹敏担任副主编；宿迁经贸高等职业技术学校侍效雷、江苏省东台中等专业学校吴诚、常州铁道高等职业技术学校方雁、连云港工贸高等职业技术学校丁燕、江苏省锡山中等专业学校蒋玉芳等老师参与了教材编写的工作。本书由江苏省惠山中等专业学校陆浩刚主审。

在编写本书的过程中，参考了最新国家标准，得到苏州英仕精密机械有限公司对教材中所使用的量具给予的大力支持，在此表示感谢。由于编者的学术水平有限，书中难免有疏漏之处，敬请批评指正，以便修订时更正。

目 录 >>>

项目一　机械测量基础知识

 项目需求

测量技术主要是研究对零件的几何量进行测量和检验的一门技术。国家标准是实现互换性的基础,测量技术则是实现互换性的保证。随着现代制造业的发展,测量技术在机械产品的设计、研发、生产监督、质量控制和性能试验中有着举足轻重的地位。

本项目主要通过3个任务介绍机械测量相关基础知识,了解互换性与公差的基本知识,了解测量及其相关理论知识,学会选择与正确使用测量器具等。

 方案设计

学生根据项目的知识要求,初步建立测量的基本概念,理解互换性、公差的基本概念,熟悉有关加工精度与误差方面的知识,认识常用测量器具并学会正确使用、维护和保养量具。通过对相关知识的学习,为后续的理论与技能的学习打下基础。

 相关知识和技能

知识点:(1)了解互换性、公差、误差、测量的相关概念;
　　　　(2)熟悉常用的测量器具及测量方法的分类;
　　　　(3)掌握测量器具的选用方法;
　　　　(4)学会正确使用常用的测量器具并会对其维护与保养。

任务1　了解互换性与公差基础知识

【任务目标】

知识目标:(1)了解互换性、标准及标准化的基本概念;
　　　　　(2)了解加工精度、加工误差的基本概念;
　　　　　(3)理解几何误差、公差的基本概念。

【任务分析】

在现代工业生产中常采用专业化的协作生产，即用分散制造、集中装配的办法来提高生产率，保证产品质量和降低成本。要实行专业化生产，保证产品具有互换性，必须采用互换性生产原则，而保证产品具有互换性的前提是产品的精度必须控制在合理的公差范围之内。本任务主要介绍互换性及公差的概念，以及加工精度与加工误差的相关内容。

【知识准备】

一、互换性的定义及分类

（一）互换性的概念

互换性是现代化生产的一个重要技术原则，从广义上来说，它是一种产品、过程或服务代替另一产品、过程或服务，且能满足同样要求的能力。在现代制造业中，互换性是指对同一规格的一批零件或部件，从中任意取出一件，不需再经任何挑选、调整或者利用钳工修配等其他方式进行修配，从而可以完成装配，并且能够满足机械产品使用性能要求的一种特性。我们将具有这种技术特性的一批零件或部件称为具有互换性的零件或部件。

日常生活中，灯泡坏了，只要换上相同规格的新灯泡就能正常使用；若机器上缺损螺钉，则重新装上一个相同规格的新螺钉；电视机、自行车、钟表中的零件损坏了，换一个同样规格的新零件也可以达到其使用功能要求，这些都是互换性的体现。图1-1-1所示为具有互换性的零件。

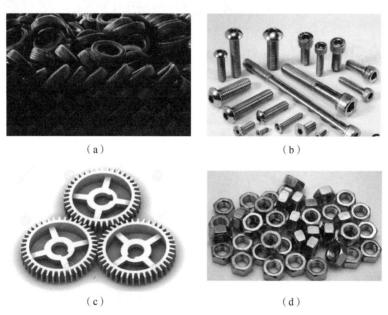

图1-1-1　互换性零件

（a）轮胎；（b）螺纹紧固件；（c）齿轮；（d）螺母

互换性的作用主要体现在以下三个方面：

（1）设计方面：可以最大限度地采用标准件、通用件和标准部件，大大简化了绘图和计算工作，缩短了设计周期，并有利于计算机辅助设计和产品的多样化。

（2）制造方面：有利于组织专业化生产，便于采用先进工艺和高效率的专用设备，有利于计算机辅助制造，以及实现加工过程和装配过程机械化、自动化。

（3）使用维护方面：减少了机器使用维护的时间和费用，提高了机器的使用价值。

（二）互换性的分类

互换性按其互换程度和范围的不同分为完全互换性和不完全互换性两种，见表1-1-1。

表1-1-1　互换性的种类

种类	定义	示例
完全互换性	也称绝对互换性，是指零件在装配或更换时，不需要做任何挑选、调整或辅助加工，并能满足规定使用要求的性能	螺钉、螺母、滚动轴承、齿轮等
不完全互换性	也称有限互换性，是指当有些机器的零件精度要求很高，按完全互换法加工困难，生产成本高时，可将零件的尺寸公差放大，装配前，先进行测量，然后分组进行装配，以保证使用要求。这样既保证了装配精度与使用要求，又降低了成本	活塞、连杆、凸轮轴衬套等

选择哪种互换方式，需要根据产品精度、产品复杂程度、生产规模、设备条件及技术水平等实际情况进行选择。不完全互换性应用于高精度或超高精度、小批量或单件生产。

当装配精度要求较高时，采用完全互换将使零件制造精度要求很高，难以加工，成本增高。这时，可以根据生产批量、精度要求、结构特点等具体条件，或者采用分组互换法，或者采用调整互换法，或者采用修配互换法，这样做既可保证装配精度和使用要求，又能适当地放宽加工公差，减小零件加工难度，降低成本。

（三）互换性的内容

互换性通常包括几何参数互换、机械性能互换、理化性能互换（如化学成分、导电性等）等。

（1）几何参数互换：包括尺寸、形状、方向、位置、跳动、表面微观形状误差的互换性。

（2）机械性能互换：如强度、硬度等的互换性。

（3）理化性能互换：如化学成分、导电性等的互换性。

二、加工精度与加工误差

（一）加工精度

所谓加工精度是指零件加工后的几何参数（尺寸、几何形状和相互位置）与理想零件几何参数相符合的程度。加工精度包括如下三个方面：

（1）尺寸精度：限制加工表面与其基准间尺寸误差不超过一定的范围。

（2）几何形状精度：限制加工表面的宏观几何形状误差，如：圆度、圆柱度、平面度、直线度等。

（3）相互位置精度：限制加工表面与其基准间的相互位置误差，如平行度、垂直度、同轴度、位置度等。

在机械加工中，误差是不可避免的，但误差必须控制在允许的范围内。通过误差分析，掌握其变化的基本规律，从而采取相应的措施减少加工误差，提高加工精度。

（二）加工误差

加工误差是指实际几何参数对其设计理想值的偏离程度。

机械加工误差主要有以下几类：

（1）尺寸误差：是指零件加工后的实际尺寸对理想尺寸的偏离程度。

（2）形状误差：是指零件加工后的实际表面形状对于理想形状的差异（或偏离程度），如圆度、直线度。

（3）位置误差：是指零件加工后的表面、轴线或对称平面之间的相互位置对于理想位置的差异（或偏离程度），如同轴度、位置度等。

（4）表面微观不平度：是指加工后的零件表面上由较小间距和峰谷所组成的微观几何形状误差。零件表面微观不平度用表面粗糙度的评定参数值表示。

在生产实际中，加工误差是由工艺系统的诸多因素所造成的，如机床的制造误差、刀具的几何误差、夹具的几何误差、定位误差、工艺系统受力和受热变形产生的误差、测量误差、调整误差、毛坯的几何误差等。

任何加工和测量都不可避免地存在误差，加工误差的大小反映了加工精度的高低，加工误差越小，加工精度越高。为保证产品及其零部件的使用要求，必须将加工误差控制在一定的范围，只要将零部件的加工误差控制在规定的范围内，就能满足互换性的要求。

三、标准与标准化

（一）标准

1. 标准的定义

标准是指对需要协调统一的重复性事物（如产品、零部件等）和概念（如术语、规则、方法、代号、量值等）所做的统一规定。它是以科学技术和实践经验的综合成果为基础，经有关方面协商一致，经主管机构批准，以特定形式发布，作为共同遵守的准则和依据。

2. 标准的分类

按照标准的适用领域和有效范围的不同，可将标准划分为不同的层次，这种层次关系，通常称为标准的级别，见表 1-1-2。

（1）按使用范围可以分为国际标准、区域标准、国家标准、行业标准、地方标准和企业标准。

表 1 - 1 - 2　（中国）国家标准代号及其含义

标准代号	代号含义（读作）	标准代号	代号含义（读作）
GB	强制性国家标准	JB	强制性机械行业标准
GB/T	推荐性国家标准	QB	轻工行业标准
GB/Z	国家标准化指导性技术文件	DB	地方标准

（2）按标准化对象的特征可以分为基础标准、产品标准、方法标准和安全、卫生与环境保护标准等。

（3）按标准的性质可以分为技术标准、工作标准和管理标准。

标准对于改进产品质量、缩短产品生产制造周期、开发新产品和协作配套、提高经济效益、发展市场经济和对外贸易等有着重要的意义。

（二）标准化

1. 标准化的定义

为适应科学发展和组织生产的需要，在产品质量、品种规格、零部件通用等方面规定统一的技术标准，叫标准化。标准化可分为国际或全国范围的标准化及工业部门的标准化。

2. 标准化的工作

标准化的工作包括制定标准、发布标准、组织实施标准和对标准的实施进行监督的全部活动过程。

3. 标准化的作用与意义

标准化的主要作用是组织现代化生产的重要手段和必要条件；是合理发展产品品种、组织专业化生产的前提；是公司实现科学管理和现代化管理的基础；是提高产品质量，保证安全、卫生的技术保证；是国家资源合理利用、节约能源和节约原材料的有效途径；是推广新材料、新技术、新科研成果的桥梁；是消除贸易障碍、促进国际贸易发展的通行证。标准化是组织现代化生产的重要手段，是实现互换性的必要前提，是国家现代化水平的重要标志之一。它对人类进步和科学技术发展起着巨大的推动作用。

四、误差、公差基本概念

要保证零件具有互换性，既要包括几何参数（如零件的尺寸、形状、方向、位置、跳动和表面粗糙度等）的互换性，又要包括物理、机械性能参数（如强度、硬度和刚度等）的互换性。产品在制造过程中将产生加工误差，由于机床精度、计量器具精度、操作工人技术水平及生产环境等因素，其加工后得到的几何参数会不可避免地偏离设计时的理想要求而产生误差，这种误差称为零件的几何量误差。

为了控制几何量误差，提出了公差的概念。在零件制造过程中，由于加工或测量等因素的影响，完工后零件的实际尺寸、形状和表面粗糙度等几何量与理想状态相比总存在一定的误差。为保证零件的互换性，必须将零件的实际几何量控制在允许变动的范围内，我们把这个允许零件几何量变动的范围称为公差。

【任务总结】

保证产品的互换性需要控制产品的尺寸、几何公差及表面质量满足公差要求。本任务通过互换性相关理论逐步引出公差理论知识，帮助同学们开始建立互换性与公差的基础知识。

任务 2　了解机械测量基础知识

【任务目标】

知识目标：（1）了解测量的基本概念及测量的四个要素；
　　　　　（2）了解测量误差产生的原因；
　　　　　（3）理解测量方法的分类与特点；
　　　　　（4）理解测量精度的基本概念。

【任务分析】

零件是否合格需要通过测量或检验进行判断，只有合格的零件才能正常使用，才具备互换性。熟知测量技术方面的基础知识，是掌握测量技能、独立完成对机械产品几何参数测量的基础。

【知识准备】

一、测量技术的基本概念

（一）测量

测量是以确定被测对象的量值为目的而进行的实验过程。如用米尺测量桌面的宽度，桌面宽度就是被测的几何量，米尺的刻度体现测量单位的标准量。任何一个测量过程必须有被测的对象和所采用的计量单位。此外，要有与被测对象相适应的测量方法和测量精度。因此，一个完整的测量过程包括测量对象、计量单位、测量方法及测量精度四个要素。

测量对象：这里主要指几何量，包括长度、角度、表面粗糙度以及形位误差等。

计量单位：指以定量表示同种量的量值而约定采用的标准量。对零件几何量的测量，必须采用统一标准的长度计量单位。在机械制造中，我们常用的单位为毫米（mm），精密测量时，多采用微米（μm）为单位；在角度测量中，以度、分、秒为单位。其中，国家标准规定机械图样上的尺寸，以毫米（mm）为单位时，不需要标注计量单位的代号和名称，如采用其他单位，则应注明相应的单位符号。

测量方法：是指在进行测量时所采用的测量原理、测量器具和测量条件的综合。根据被测对象的特点以及技术要求，确定测量用的计量器具；分析和研究被测参数的特点和它与其他参数的关系，确定最合适的测量手段。

测量精度：是指测量结果与真值的一致程度。任何测量过程总不可避免地会出现测量误差，误差大，则说明测量结果离真值远，精确度低。

（二）检验

检验是判断被测物理量在规定范围内是否合格的过程，一般来说就是确定产品是否满足设计要求的过程，即判断产品合格性的过程，通常不一定要求测出具体值。几何量检验就是确定零件的实际几何参数是否在规定的极限范围内，以作出合格与否的判断。因此，检验也可理解为不要求知道具体值的测量。

（三）检测

检测是测量与检验的总称，是保证产品精度和实现互换性生产的重要前提，是贯彻质量标准的重要技术手段，是生产过程中的重要环节。

二、测量方法的分类

在长度测量中，测量方法是根据被测对象的特点来选择和确定的。被测对象的特点主要是指精度要求、几何形状、尺寸大小、材料性质以及数量等。常用的测量方法见表1-2-1。

表1-2-1　测量方法分类

分类方法	测量方法	含义	说明
是否直接测量被测要素	直接测量	直接从计量器具获得测量值的测量方法	测量精度只与测量过程有关，如用游标卡尺测量轴的直径、长度尺寸
	间接测量	测量与被测量有一定的函数关系的量，然后通过关系的换算得出测量值的方法	测量的精度不仅取决于有关参数的测量精度，且与所依据的函数关系有关
测量器具的读数是否直接表示被测量的值	绝对测量	被测量的全值从计量器具上直接读数	如游标卡尺、千分尺等测量尺寸
	相对测量	先用标准量将量具调好零位，然后从量具上读出被测零件对标准量的偏差值，此偏差值与标准量的代数和即为被测零件的尺寸	在实际测量过程中，我们也称之为比较测量法，如用比较仪测量时，先用量块调整仪器零位，然后测量被测量要素，所获得示值就是被测量相对于量块的尺寸偏差

分类方法	测量方法	含义	说明
零件被测要素的多少	单项测量	分别对零件各个参数进行测量	如分别测量螺纹的中径、螺距和牙型半角
	综合测量	同时测量零件上某些相关的几何量的综合结果，从而判断零件的合格性	如用螺纹量规检验螺纹的单一中径、螺距和牙型半角实际值的综合结果
被测表面与测量器具是否接触	接触测量	计量具在测量时，测量头与被测表面直接接触	如用卡尺检测外形尺寸、千分尺检测圆柱体等
	非接触测量	计量具在测量时，测量头与被测表面不直接接触	如利用影像仪、投影仪等量仪通过光学原理进行检测
测量在加工过程中的作用	离线测量	零件加工后进行测量	测量结果仅限于发现并找出废品
	在线测量	零件加工过程中进行测量	测量结果直接用来控制零件的加工过程，能及时防止废品的产生
零件被测的运动状态	静态测量	测量时被测面与测量头相对静止	如用游标卡尺测量外形尺寸
	动态测量	测量时被测面与测量头有相对运动	如用偏摆仪检测轴的跳动等

三、测量误差

(一) 测量误差产生的原因

测量误差的产生主要受到测量仪器、测量人员和外界环境条件三方面的影响。

1. 测量仪器

测量仪器本身存在设计、制造和使用过程中造成的各项误差，如刻线尺的制造误差、量块制造与检定误差、表盘的刻制与装配误差等。其中最重要的是基准件的误差，如刻线尺和量块的误差，它是测量仪器误差的主要来源。

2. 测量人员

由于测量人员的视觉、听觉等感官的鉴别能力有一定的局限性，所以在仪器的安置、使用中都会产生误差，如测量人员的工作态度、分辨能力、技术水平、视觉的误差、估读的因素和测量时的身体状况等因素对测量结果都有直接影响。

3. 外界环境条件

外界环境的变化，如温度、风力、大气折光等因素的差异和变化都会直接对测量结果产生影响，必然给测量结果带来误差。

测量工作由于受到上述三方面因素的影响，测量结果总会产生这样或那样的测量误差，即在测量工作中测量误差是不可避免的。

（二）测量误差的种类

测量误差按其对测量结果影响的性质分为粗大误差、系统误差和偶然误差三类。

1. 粗大误差

粗大误差也称错误。粗大误差是由于测量人员使用仪器不正确或疏忽大意，如测错、读错、听错、算错等造成的错误，或因外界条件发生意外的显著变动引起的差错。

粗大误差的数值往往偏大，使观测结果显著偏离真值。因此，一旦发现含有粗大误差的观测值，应将其从测量结果中剔除出去。一般地讲，只要严格遵守测量规范，工作中仔细谨慎，并对观测结果作必要的检核，粗大误差是可以发现和避免的。

2. 系统误差

系统误差是指在一定测量条件下，多次测量同一量时，误差的大小和符号均保持不变或按一定规律变化的误差。系统误差具有累积性，它随着单一观测值检测次数的增多而积累。系统误差的存在必将给观测成果带来系统的偏差，反映了观测结果的准确度。

3. 偶然误差

在相同的观测条件下对某量进行一系列观测，单个误差的出现没有一定的规律性，其数值的大小和符号都不固定，表现出偶然性，这种误差称为偶然误差，又称为随机误差。

偶然误差反映了观测结果的精密度。例如，用经纬仪测角度时，就单一观测值而言，由于受读数误差、外界条件变化所引起的误差、仪器自身不完善引起的误差等综合的影响，测角误差的大小和正负号都不能预知，具有偶然性。

四、测量精度

测量精度是指被测量的测得值与其真值的接近程度。

（一）精密度

精密度：表示测量结果受随机误差影响的程度。它是指在规定的测量条件下连续多次测量时，所有测得值彼此之间接近的程度。若随机误差小，则精密度高。

（二）正确度

正确度：表示测量结果受系统误差影响的程度。它是衡量所有测得值对真值的偏离的程度。若系统误差小，则正确度高。

(三) 准确度

准确度：表示测量结果受系统误差和随机误差综合影响的程度。它是指连续多次测量时，所有测得值彼此之间接近程度对真值的一致程度。若系统误差和随机误差都小，则准确度高。

通常精密度高的，正确度不一定高；正确度高的，精密度不一定高；但准确度高时，精密度和正确度必定都高。现以射击打靶为例加以说明，如图 1 - 2 - 1 所示。

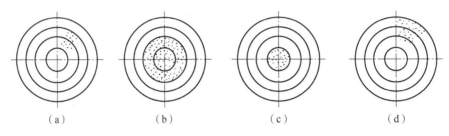

图 1 - 2 - 1　精密度、正确度和准确度示意
(a) 精密度高，正确度低；(b) 正确度高，精密度低；
(c) 准确度高，精密度、正确度都高；(d) 准确度低，精密度、正确度都低

【任务总结】

质量是企业的生命，而测量则是进行质量管理的重要手段。从理论上了解了测量的基本概念，知道了测量误差产生的原因及分类，在今后实际测量任务中就可以避免不必要的误差或科学地对误差进行补偿，这样可以有效地提高测量精度。

任务 3　了解常用量具

【任务目标】

知识目标：1. 了解测量器具的分类，理解测量器具的主要技术性能指标；
　　　　　2. 了解量具、量仪选用的要求及方法；
　　　　　3. 熟悉量具、量仪的日常使用与维护技术。

【任务分析】

在现代制造业中，量具作为一种常用的工具，发挥着至关重要的作用。机械零件的质量是否合格需要通过测量来进行判定，当使用不同的量具和测量方法时，则可能得到不同的测量精度。合理地选用量具和正确地使用量具是正确分析零件加工工艺和采取措施预防废品产生的关键。

【知识准备】

一、测量器具的分类

测量器具主要是量具、量规、测量仪器（简称量仪）和其他用于测量目的的测量装置的总称，根据测量原理、结构特点及用途一般可以分为量具、量规、量仪以及测量装置四大类。

（一）量具

量具是指用来测量或检验零件尺寸的器具，结构比较简单；通过对被测要素的直接接触测量，可以直接指示出长度的单位或界限；操作比较简单，测量比较方便，主要有角度量块、螺旋测微器、游标卡尺等量具（图 1 - 3 - 1）。

（a） （b） （c）

图 1 - 3 - 1 量具

（a）角度量块；（b）螺旋测微器；（c）游标卡尺

（二）量规

量规是没有刻度的专用测量器具，是一种检验工具。在成批或大量生产中，为了提高检测效率，量规主要用来检验零件尺寸和几何误差的综合结果，从而判断零件的被测几何量是否符合加工的技术要求和功能性要求。一般通过量规进行检测的要素，只能确定零件是否在允许的极限尺寸范围内，而不能获得被测量的具体数值。根据被检验零件的不同，量规可分为光滑极限量规（轴用量规和孔用量规）、直线尺寸量规（高度量规、深度量规）、圆锥量规、综合性量规（同轴度量规、位置度量规等）、螺纹量规、螺纹定位规、螺纹环规等（图 1 - 3 - 2）。

（a） （b）

图 1 - 3 - 2 量规

（a）光滑极限量规；（b）螺纹环规

（三）量仪

量仪是用来测量零件或检定量具的仪器，与量具相比，具有灵敏度高、精度高、测量力小等优点，其结构比较复杂。它是利用机械、光学、气动、电动等原理，将长度单位放大或细分的器具。如图1-3-3所示，量仪主要有影像仪、投影仪、电子水平仪以及工具显微镜等。

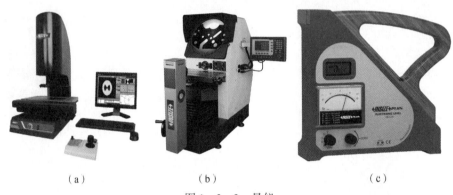

（a）　　　　　　　　　（b）　　　　　　　　　（c）

图1-3-3　量仪

（a）影像仪；（b）投影仪；（c）电子水平仪

（四）测量装置

测量装置是指为确定被测量所必需的测量器具和辅助设备的总体。它是量具、量仪和其他定位元件等的组合体，是一种专用的检验工具，用来提高测量或检验效率和测量精度，在大批量生产中应用广泛。如图1-3-4所示，测量装置主要有V形块、测量工作台和千分尺底座等。

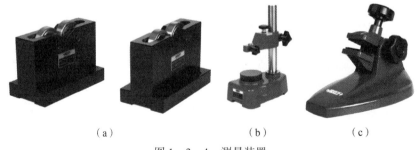

（a）　　　　　　　　　（b）　　　　　　　　　（c）

图1-3-4　测量装置

（a）V形块；（b）测量工作台；（c）千分尺底座

二、量具的技术性能指标

（一）刻度间距

刻度间距是指测量器具刻度标尺或圆刻度盘上两相邻刻线中心之间的距离或圆弧长度。刻度间距太小，会影响估读值的精度；若太大，则会增大读数装置的轮廓尺寸，如图1-3-5所示。

图 1 – 3 – 5　刻度间距

（二）分度值

分度值是指在测量器具的标尺上，相邻两刻线（最小单位量值）所代表的量值之差。如图 1 – 3 – 6 所示，一外径千分尺的微分筒上相邻两刻线所代表的量值之差为 0.01 mm，那么该测量器具的分度值为 0.01 mm；游标卡尺的分度值为 0.05 mm。分度值是一种测量器具所能直接读出的最小单位量值，它反映了读数精度的高低，也说明了该测量器具测量精度的高低。

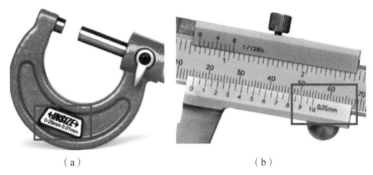

（a）　　　　　　　　　　　　　（b）

图 1 – 3 – 6　分度值
（a）千分尺；（b）游标卡尺

（三）测量范围

测量范围是指测量器具的误差处于规定的极限内，测量器具所能测量的被测量最小值到最大值的范围。例如，外径千分尺的测量范围有 0 ~ 25 mm、25 ~ 50 mm 等，机械式比较仪的测量范围为 0 ~ 180 mm。

（四）测量力

测量力是指在接触式测量过程中，测量器具的测量头与被测量面之间存在一定的接触压力。测量力太大会引起弹性变形，测量力太小会影响接触的稳定性。

（五）示值误差

示值误差是指测量仪器的示值与被测量的真值之差。它是测量仪器本身各种误差的综合反映。因此，仪器示值范围内的不同工作点，其示值误差是不相同的。一般可用适当精度的量块或其他计量标准器来检定测量器具的示值误差。

三、量具的选用原则

根据被测部位的大小、形状、位置以及精确度要求等条件，正确、合理地选择测量方法和测量工具，是获得正确测量结果、保证产品质量的重要保证之一。

量具的选用原则：

（1）按被测零件的尺寸大小和要求确定量具的规格，包括测量范围、示值范围、分度值等。

（2）按被测零件的尺寸精度选择量具。零件公差小对量具的精度要求高，公差大对量具精度要求低，极限误差一般为测量公差的1/10（低精度）～1/3（高精度）。

（3）根据生产性质进行选择。对于单件测量，以通用量具为主；对于成批测量，以专用量具、量规和仪器为主；对于大批量产品检测，应选用高效率的自动化专用检验。

四、量具的正确使用、维护和保养

（一）量具的正确使用

正确使用量具，是测量工作中的重要环节。测量的过程，一般来说并不复杂，但影响到测量精度的因素却是很复杂的，如量具、量仪本身的误差、温度造成的误差、测量力和读数造成的误差等。因此，要提高测量精度，就应该尽量减少或消除影响测量精度的种种因素。测量时应注意以下几点：

1. 标准件的定期检查

标准件的误差虽然小，但是经常使用也会产生磨损，使误差值增大。所以必须坚持标准件的定期检定制度，以便按照标准件的实际精度等级来合理选用。其选用标准一般来说，是标准件的误差不应超过总测量误差的1/5～1/3或者标准件的精度等级高2～3级。同时还要在测得值中加上标准件的修正值。

2. 减少测量方法误差的影响

正确选择测量方法和被测件的定位安装方式，可以减少测量误差，还要熟悉被测件的加工过程，正确选择测量基面。

3. 减少量具误差的影响

对每种量具在检定规程或校准办法中都规定了允许的示值误差，以保证一定的测量精度。但是量具由于磨损和使用不当等原因，将逐渐丧失检定后的精确度。为此应注意：

（1）不合格的量具坚决不用。量具必须经过检定合格且在有效期内才准许使用，注明修正值的，应把修正值加上。

（2）在使用量具前要先校对零位。

（3）量具、测量头应滑动均匀，避免出现过松或过紧的现象。

4. 减少测量力引起的测量误差

为了减少测量力引起的测量误差，测量时测量力的大小要适当、稳定性要好，尽量注意以下几个方面：

（1）测量时的测量力，应尽量与"对零"时的测量力保持一致，各次测量的测量力的大小要稳定。

（2）测量过程中，量具的测量头要轻轻接触被测件，避免用力过猛或冲击现象的发生。

（3）某些量具带有测量力的恒定装置，测量时必须使用（如：千分尺的测力装置）。

5. 减少温度引起的误差

温度变化对测量结果有很大的影响，特别是在精密测量和大尺寸测量时，影响更为显著。倘若量具、被测件的温度变化较大或二者的温差较大，则不可能测量出准确结果。以下几种方法，能减少温度引起的误差：

（1）精密测量应在恒温室中标准温度（20℃）下进行。

（2）应使量具与被测件的线膨胀系数相接近。在进行相对测量（比较法）时，标准件的材料尽可能与被测件相同。或者挑选质量较好的被测件作为标准件。

（3）把量具和被测件放在相同温度下进行测量，对在加工中受热或过冷的零件都不应该立即进行测量。

（4）采用定温的方法，即把量具和零件放在同一个温度下，经过一段时间，当二者与周围环境的温度相一致时，再进行测量。

（5）不应把量具放在热源（如火炉、暖气等）附近和阳光下，以及没有绝热装置的机床变速箱上、风口处等高温或低温的地方。

（6）注意测量者的体温、手温、哈气对量具的影响，如不应把精密量具放在口袋里或长时间地拿在手里。有隔热装置的量具，测量时应把手放在隔热装置部分。

6. 减少主观原因造成的误差

（1）掌握量具的正确使用方法及读数原理，避免或减少测错现象；对不熟悉的量具，不要随便动用。

（2）测量时应认真仔细，注意力集中，避免出现读错、记错等误差，尽量减小估读误差。

（3）在同一位置上多测几次，取其平均值作为测量结果，可减少测量误差。

（4）要减少视觉误差，学会正确读数。正确的读数方法是，用眼睛正对着刻线或指针读数，而不是用鼻梁对正，也不能睁一只眼闭一只眼。

（二）量具的维护和保养

（1）不要用油石、砂纸等硬的东西擦量具、量仪的测量面和刻线部分；非计量人员严禁拆卸、改装、修理量具。

（2）量具的存放地点要求清洁、干燥、无震动、无腐蚀性气体；不应把量具放在火炉边、床头箱、风口处等高温或低温的地方；不要放在磁性卡盘等磁场附近，以免磁化，造成测量误差。

（3）不要用手直接摸量具、量仪的测量面，以免因手汗、潮湿、赃物污染测量面，使之锈蚀。

（4）不允许将量具、量仪和其他工具混放，以免碰伤、挤压变形。

（5）对使用后的量具、量仪要擦拭干净，松开紧固装置；暂时不用的，清洗后要在测量面上涂上防锈油，放入盒内。存放时不要使两个测量面接触，以免生锈。

【任务总结】

量具作为专门检测产品定量数据资料的器具，其精度的好坏直接关系到检测结果的精确程度。正确地选择和使用量具，定期对量具进行维护与保养，不但能够延长量具的使用寿命，还能保证量具的测量精度。

 项目评价

学生应掌握互换性、公差的基础知识；理解测量的作用与方法；能够认识和正确使用常用的量具；学会量具的日常维护与保养。通过本项目的学习能为后续零、部件测量技能的学习打下基础。本项目知识综合评价见表 1 – 1。

表 1 – 1　项目知识综合评价

姓名		学号		组别			
评价项目	测量评价内容		分值	自评	组评	他评	得分
任务 1 知识目标	互换性概念与分类		6				
	标准与标准化基本概念		5				
	加工精度与加工误差的概念		5				
	公差相关基本概念		6				
任务 2 知识目标	测量基础基本概念		5				
	常见的测量方法		6				
	测量误差产生原因		8				
	测量误差的分类		6				
任务 3 知识目标	量具概念及技术性能指标		5				
	量具的选用原则		8				
	认识常用量具		8				
	量具的正确使用、维护和保养		8				
情感目标	出勤、纪律		6				
	团队协作		6				
	5S 规范		6				
	安全生产		6				
项目评价总结							

指导教师：　　　综合评价等级：

评估等级：A（分值≥90）、B（分值≥80）、C（分值≥60）、D（分值＜60）

思考与练习

1. 简述互换性的定义及分类。
2. 简述互换性的意义。
3. 互换性包含哪些内容？
4. 加工精度与加工误差是什么？
5. 零件尺寸是否合格的判定条件是什么？
6. 测量的实质是什么？一个完整的测量过程应包含哪些要素？
7. 测量误差产生的原因有哪些？
8. 测量误差按其对测量结果影响的性质可以分为哪几种类型？
9. 什么是系统误差？试举例说明。
10. 什么是粗大误差？如何判断？
11. 量具按用途可分为哪几类？
12. 量具有哪些特点？
13. 简述量具的选用原则。
14. 简述量具的正确使用方法。
15. 如何对量具进行维护与保养？

项目二 尺寸公差及检测

项目需求

在机械制造业中，判断加工完成的零件是否符合设计要求，需要通过检测其综合机械性能及几何参数来实现。就尺寸而言，互换性要求尺寸具有一致性，但并不是要求零件都能被准确地制成一个指定尺寸，而是要求这些零件的尺寸在某一合理的范围之内。对于相互接合的零件，这个范围也要保证相互配合的尺寸之间形成一定的关系，以满足不同的使用要求，从而形成尺寸公差的基本概念。

本项目主要是通过5个任务介绍极限配合尺寸的基本知识，掌握零件的外形尺寸、轴径误差、偏心轴偏心距、配合件间隙以及内径误差等的检测方法，并对零件的合格性进行判断。通过相关知识学习和技能训练，学生能够了解常用量具的结构原理和使用方法，掌握测量的方法和步骤。

项目工作场景

1. 图纸准备，零件检测评价表
2. 工量刃具及其他准备

平台、游标卡尺、外径千分尺、百分表、内径百分表、塞尺偏摆仪及无纺布、防锈剂等。

3. 实训准备

（1）工量具准备：领用工量具，将工量具摆放整齐，实训结束后按工量具清单清点工量具，交指导教师验收。

（2）熟悉实训要求：复习有关理论知识，详细阅读指导书，对实训要求的重点及难点内容在实训过程中认真掌握。

方案设计

学生按照项目的技术要求，认真审阅各任务中被测件的测量要素及有关技术资料，明确检测项目。按照项目需求和项目工作场景的设置，以及检测项目的具体要求和结构特点选择合适的量具和测量方法。检测方案设定为利用游标卡尺检测零件的尺寸，利用外径千分尺检测轴径尺寸，利用百分表和偏摆仪检测偏心轴的偏心距，利用塞尺检测配合件的配合间隙以及利用内径百分表检测孔径误差。根据测量方案做好测量过程的数据记录，完成数据分析以及合格性判断，并对产生误差的原因进行分析和归纳。

 相关知识和技能

知识点：(1) 掌握极限配合与公差的基础知识。

(2) 熟悉常用测量工具（游标卡尺、外径千分尺、百分表、偏摆仪、塞尺、内径百分表等）的结构及工作原理，了解其适应范围，掌握其使用方法与测量步骤。

技能点：(1) 学会正确、规范使用游标卡尺检测零件尺寸。

(2) 学会正确、规范使用外径千分尺检测轴径尺寸。

(3) 学会正确、规范使用百分表、V形块检测轴偏心距。

(4) 学会正确、规范使用塞尺检测配合件的配合间隙。

(5) 学会正确、规范使用内径百分表检测套类零件的内径误差。

任务1　使用游标卡尺检测零件尺寸

【任务目标】

知识目标：(1) 了解尺寸、极限尺寸、偏差等基本概念。

(2) 掌握游标卡尺的结构及刻线原理。

(3) 掌握游标卡尺的读数方法和使用方法。

技能目标：(1) 能根据被测零件尺寸的技术要求，选择合适的游标卡尺。

(2) 学会正确、规范使用游标卡尺对零件的外形、内腔、深度及孔距等进行测量，并对零件的合格性进行判断。

【任务分析】

图2-1-1所示为钳工初级典型的零件，主要用于学业水平测试。根据对图纸的技术要求分析：60 ± 0.1、50 ± 0.1、30 ± 0.2、20 ± 0.2、15 ± 0.1、30 ± 0.08、35 ± 0.08、$\phi 10$ 等是钳加工零件的相关尺寸，根据尺寸偏差及零件的形状，可选择合适的游标卡尺正确规范地测量相关尺寸，并判断零件的合格性。

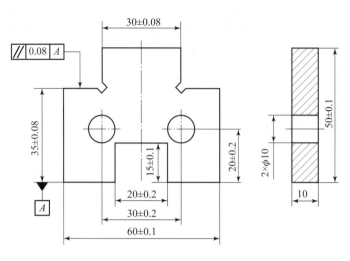

图 2 - 1 - 1　钳加工零件

【知识准备】

一、孔和轴

国家标准 GB/T 1800.1—2009《产品几何技术规范（GPS）极限与配合》）主要规范了孔、轴的尺寸公差，并对孔和轴的配合作出了规定。孔、轴在国家标准《极限与配合》中的特定含义，关系到极限与配合制度的应用范围。

（1）孔通常指零件各种形状的内表面，包括圆柱形内表面和其他由单一尺寸形成的非圆柱形包容面。孔的直径尺寸用"D"表示，如图 2 - 1 - 2（a）所示。

（2）轴通常指零件各种形状的外表面，包括圆柱形外表面和其他由单一尺寸形成的非圆柱形被包容面。轴的直径尺寸用"d"表示，如图 2 - 1 - 2（b）所示。

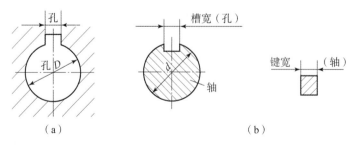

（a）　　　　　　　　　　　　　　　（b）

图 2 - 1 - 2　孔和轴

由定义获悉，孔、轴具有广泛的含义，如图 2 - 1 - 3 所示，孔和轴不仅仅是指完整的圆柱形内、外表面，对于像槽一类的两平行侧面也称为孔；而在槽内安装的滑块类零件的两平行侧面被称为轴，即凡包容面统称为孔，被包容面统称为轴。从加工过程看，孔的尺寸由小变大，轴的尺寸由大变小。

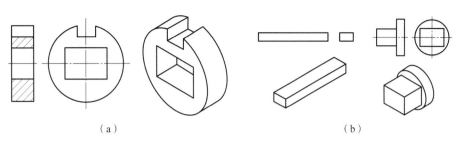

图 2 - 1 - 3 孔和轴

(a) 孔;(b) 轴

二、尺寸的术语及其定义

(一) 尺寸

尺寸是指用特定单位表示线性尺寸的数值,主要是由数值和特定单位组成,如孔的直径为 $\phi20$ mm 等。机械图样中标注的尺寸规定一般以 mm 为单位,只标注数值,不标注单位。最常见的长度值包括直径、半径、宽度、深度、高度和中心距等。

(二) 公称尺寸

公称尺寸是图样规范确定的理想形状要素的尺寸,标准规定通过它应用上、下偏差可算出极限尺寸的尺寸。通常是由图纸设计者给予确定,用 D 和 d 表示(孔的公称尺寸用"D"表示;轴的公称尺寸用"d"表示)。它是根据产品的使用要求,零件强度、刚度等要求计算或通过实验和类比的方法而确定的,一般要符合标准尺寸系列。如图 2 - 1 - 4 所示,$\phi10$ mm 为轴的公称尺寸;$\phi20$ 为孔的公称尺寸。

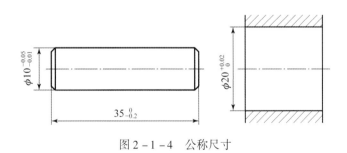

图 2 - 1 - 4 公称尺寸

(三) 实际(组成)要素(GB/T 18780.1—2002)

实际(组成)要素是由接近实际(组成)要素所限定的零件实际表面组成要素部分,是通过测量获得的尺寸。由于加工误差的存在,半径、宽度、深度、高度按同一图样要求加工的各个零件,其实际(组成)要素往往不相同。如图 2 - 1 - 5 所示,孔的实际(组成)要素以 D_a 表示,轴的实际(组成)要素以 d_a 表示。由于存在测量误差,实际(组成)要素并非被测尺寸的真值。

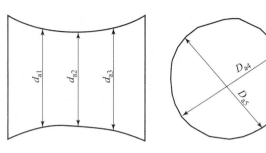

图 2 - 1 - 5　实际（组成）要素

（四）极限尺寸

允许尺寸变化的两个界限值称为极限尺寸。在机械加工中，只要将零件的实际（组成）要素控制在两极限尺寸范围内，就能满足使用要求。两个界限值中较大的一个称为上极限尺寸；较小的一个称为下极限尺寸。如图 2 - 1 - 6 所示，孔的上、下极限尺寸用 D_{max}、D_{min} 表示；轴的上、下极限尺寸用 d_{max}、d_{min} 表示。

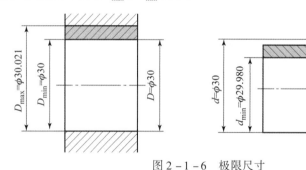

图 2 - 1 - 6　极限尺寸

三、尺寸偏差的术语及定义（GB/T 1800.1—2009）

尺寸偏差（简称偏差）是指某一尺寸［极限尺寸、实际（组成）要素等］减去其公称尺寸所得的代数差。

（一）极限偏差

极限偏差是指极限尺寸减去公称尺寸所得的代数差。由于极限尺寸有上、下极限尺寸之分，则极限偏差可分为上极限偏差和下极限偏差，如图 2 - 1 - 7 所示的孔、轴的极限偏差。

（1）上极限偏差：上极限尺寸减去其公称尺寸所得的代数差，简称上极限偏差。

孔的上极限偏差用 ES 表示，$ES = D_{max} - D$

轴的上极限偏差用 es 表示，$es = d_{max} - d$

（2）下极限偏差：下极限尺寸减去其公称尺寸所得的代数差，简称下极限偏差。

孔的下极限偏差用 EI 表示，$EI = D_{min} - D$

轴的下极限偏差用 ei 表示，$ei = d_{min} - d$

偏差可能为正或负，也可为零。

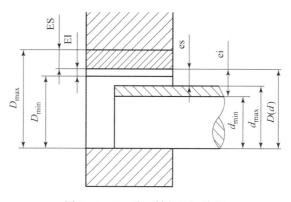

图 2 - 1 - 7　孔、轴的极限偏差

（二）实际偏差

实际（组成）要素减去其公称尺寸所得的代数差称为实际偏差。极限尺寸和实际（组成）要素可能大于、等于或者小于公称尺寸。

例：如图 2 - 1 - 8 所示，已知孔的公称尺寸为 $\phi 50$ mm，上极限尺寸为 $\phi 50.048$ mm，下极限尺寸为 $\phi 50.009$ mm，求孔的上、下极限偏差。如果实际检测的尺寸为 $\phi 50.01$ mm，是否合格？

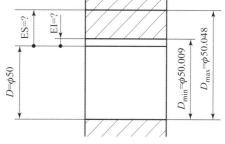

图 2 - 1 - 8　极限偏差

解：根据题意得知：$D = \phi 50$ mm，$D_{\max} = \phi 50.048$ mm，$D_{\min} = \phi 50.009$ mm

根据公式得：$ES = D_{\max} - D = 50.048 - 50 = +0.048$

$$EI = D_{\min} - D = 50.009 - 50 = +0.009$$

因实际（组成）要素为 $\phi 50.01$，$\phi 50.009 < \phi 50.01 < \phi 50.048$，所以该零件合格。

四、游标卡尺相关知识

游标量具是利用游标尺和主尺相互配合进行测量的一种常用量具。最为常见的是普通的游标卡尺，它是一种中等精度的量具，主要用来测量零件的外径、孔径、长度、宽度、深度、孔距等尺寸。

2 - 1 - 1
游标卡尺
结构及原理

（一）游标卡尺的结构

游标卡尺具有结构简单、使用方便、测量范围大等特点，如图 2 - 1 - 9 所示的游标卡尺，它主要由尺身、游标、尺框、外量爪、内量爪、深度尺和紧固螺钉组成。

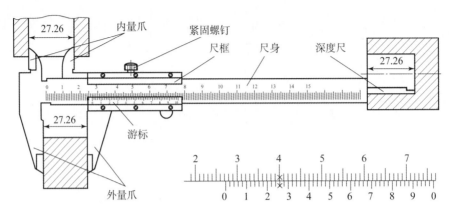

图 2 – 1 – 9　游标卡尺

(二) 游标卡尺的刻线原理

游标卡尺按其测量精度，有 0.1 mm、0.05 mm 和 0.02 mm 三种，其刻线原理以 0.02 mm 为例，尺身上每小格为 1 mm，当两量爪合拢时，游标上的 50 格刚好与尺身上的 49 mm 对齐，如图 2 – 1 – 10 所示。尺身与游标每格之差为 1 – 49/50 = 0.02（mm），此值为游标卡尺的测量精度。

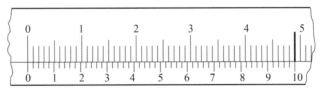

图 2 – 1 – 10　刻线原理

(三) 游标卡尺的读数方法

游标卡尺的读数方法分为三个步骤：

(1) 读整数，在尺身上读出位于游标零线左边最接近的整数值。

(2) 读小数，即游标零线右边哪一条线与尺身刻线重合，按每格 0.02 mm 读出小数值。

(3) 求和，将读数的整数部分与读数的小数部分相加即为所求的读数。

如图 2 – 1 – 11 所示，被测尺寸的读数步骤如下：

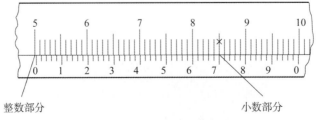

图 2 – 1 – 11　游标卡尺的读数

（1）游标的零线落在尺身的 50～51 mm，因而整数部分的读数值为 50 mm。

（2）游标的第 35 格刻线与尺身的一条刻线对齐，因而小数部分的读数值为 $0.02 \times 35 = 0.7$（mm）。

（3）将整数部分的读数值与小数部分的读数值相加，得到被测尺寸为 50.7 mm。

（四）游标卡尺的使用方法

（1）测量前，先把量爪和被测表面擦干净，检查游标卡尺各部分的相互作用，如尺框移动是否灵活、紧固螺钉能否起作用等。

（2）校对零位的准确性。两量爪紧密贴合，应无明显的光隙，尺身零线与游标零线应对齐。

（3）测量时，应先将两量爪张开到略大于被测尺寸，再将固定量爪的测量面紧贴零件，轻轻移动活动量爪至量爪接触零件表面为止（图 2-1-12），并找出最小尺寸。

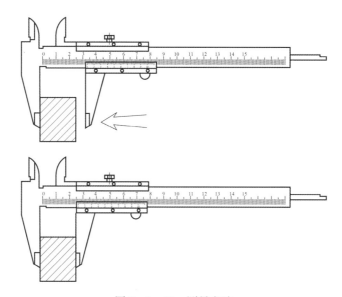

图 2-1-12　测量方法

（4）测量时，游标卡尺测量面的连线要垂直于被测表面，不可处于歪斜位置（图 2-1-13），否则测量不正确。

（5）读数时，卡尺应朝着亮光的地方，目光应垂直尺面。

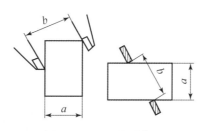

图 2-1-13　错误位置

【任务实施】

2-1-2
游标卡尺检测
零件尺寸

一、测量内容、步骤和要求

（1）练习游标卡尺的读数。

（2）分析图 2-1-1 中零件的相关尺寸。

（3）掌握利用游标卡尺检测相关尺寸的方法、步骤。

（4）处理测量数据以及评定各尺寸的合格性。

（5）填写测量报告并做好 5S 管理规范。

二、测量过程及测量报告（表 2-1-1）

表 2-1-1　测量过程及测量报告

被测零件	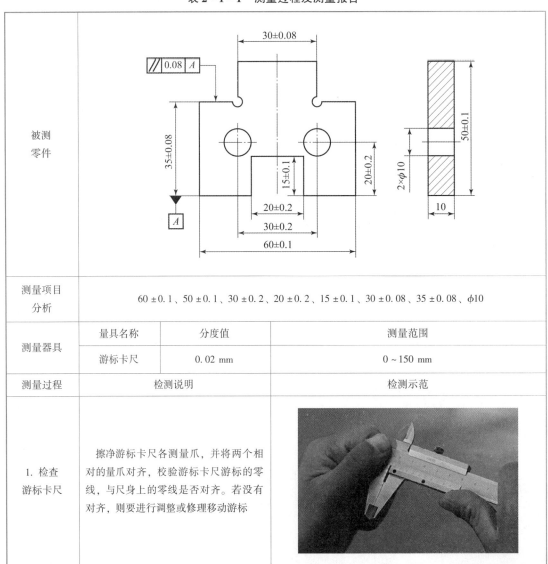		
测量项目分析	60 ± 0.1、50 ± 0.1、30 ± 0.2、20 ± 0.2、15 ± 0.1、30 ± 0.08、35 ± 0.08、$\phi 10$		
测量器具	量具名称	分度值	测量范围
	游标卡尺	0.02 mm	0～150 mm
测量过程	检测说明		检测示范
1. 检查游标卡尺	擦净游标卡尺各测量爪，并将两个相对的量爪对齐，校验游标卡尺游标的零线，与尺身上的零线是否对齐。若没有对齐，则要进行调整或修理移动游标		

测量过程	检测说明	检测示范
2. 清理零件	检查零件是否清洁，去除零件上的毛刺，用干净棉布擦净	
3. 测量外形尺寸	测量外形尺寸时，首先应将外量爪开口略大于被测尺寸；放入零件，使固定量爪贴住零件，然后移动游标尺框，使活动量爪与零件另一表面相接触，读出读数	
4. 测量孔径	测量孔径等尺寸需要使用游标卡尺的内量爪，将内量爪调整略小于孔径尺寸，放入孔内，然后移动游标尺框，读出读数	
5. 测量孔到边距离	测量孔到边的距离时，先量出孔的内径，然后用外量爪量出孔壁到边之间的最小距离 Z，则孔到边的距离为 Z 加上孔半径	

测量过程	检测说明	检测示范
6. 测量孔中心距	测量两孔的中心距时，先分别量出两孔的内径，然后用外量爪量出两孔表面之间的最小距离 X，两孔的中心距则为 X 加上两个孔的半径之和，也可用内量爪量出两孔表面之间的最大距离 Y，两孔的中心距则为 Y 与两个孔半径之和的差	
7. 测量深度	测量深度尺寸时，卡尺端面与被测零件的平面贴合，同时保持深度尺与该平面垂直	

被测值		测量值/mm			平均值	合格性判断
		测值1	测值2	测值3		
60 ± 0.1	上极限偏差					
	下极限偏差					
50 ± 0.1	上极限偏差					
	下极限偏差					

续表

被测值		测量值/mm			平均值	合格性判断
		测值1	测值2	测值3		
30±0.2	上极限偏差					
	下极限偏差					
20±0.2（槽宽）	上极限偏差					
	下极限偏差					
15±0.1	上极限偏差					
	下极限偏差					
35±0.08	上极限偏差					
	下极限偏差					
30±0.08	上极限偏差					
	下极限偏差					
20±0.2（孔边距）	上极限偏差					
	下极限偏差					
$\phi10$	上极限偏差					
	下极限偏差					

【任务总结】

（1）游标在尺身上滑动要灵活自如，不能过松或过紧，不能晃动；读数时，眼睛要正视量具，不能倾斜，以免产生测量误差。

（2）测量结束后，要将游标卡尺放平，否则尺身易产生弯曲变形，特别是大尺寸的游标卡尺更应注意。

（3）测量好尺寸后，要将量爪合拢，否则较细的深度尺露在外面，易变形或折断。

（4）使用完毕后，要清洁卡尺，并上好油，放入盒内。

（5）对游标卡尺应定期进行校验；对经常使用和小量程（300 mm）的游标卡尺，必须半年校验一次。

【知识拓展】

（一）深度游标卡尺

深度游标卡尺，简称深度尺，如图2-1-14所示。它主要用于测量零件的盲孔和阶梯孔及凹槽的深度，读数方法与普通游标卡尺相同。

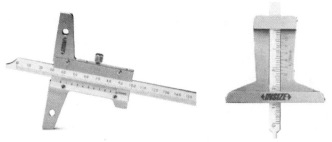

图 2 - 1 - 14　深度游标卡尺

（二）带表游标卡尺和数显游标卡尺

数显游标卡尺和带表游标卡尺的游标分别是数字显示器和表盘，如图 2 - 1 - 15 所示；它们读数方便，测量效率高，应用广泛。

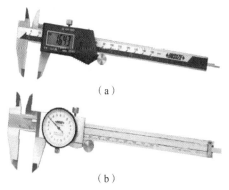

（a）

（b）

图 2 - 1 - 15　数显和带表游标卡尺

（a）数量游标卡尺；（b）带表游标卡尺

（三）高度游标尺

高度游标尺，简称高度尺，如图 2 - 1 - 16 所示。在加工制造过程中，高度尺主要用于划线，装上测量爪可以测量高度，装上量表还可用于测量零件的几何误差。一般有普通的高度尺、双立柱高度尺和数显（带表）高度尺等。

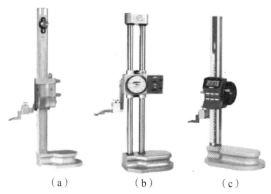

（a）　　　　　（b）　　　　　（c）

图 2 - 1 - 16　高度尺

（a）普通高度尺；（b）双立柱高度尺；（c）数显高度尺

（四）异型游标卡尺

机械制造业的快速发展，使得各种类型的零件种类繁多，形状、结构都较为复杂，需要用配套的测量工具对特殊部位的尺寸进行检测，如图 2-1-17 所示为异型游标卡尺。

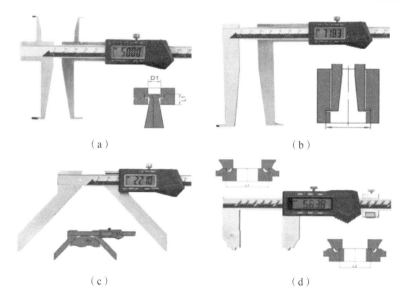

（a）　　　　　　　　　　　　　　（b）

（c）　　　　　　　　　　　　　　（d）

图 2-1-17　异型游标卡尺

（a）上下爪内沟槽测量；（b）深内沟槽测量；

（c）圆弧半径测量；（d）油封槽径测量

任务 2　使用外径千分尺检测轴径尺寸

【任务目标】

知识目标：（1）了解公差、基本偏差等基本概念。

　　　　　（2）掌握标准公差、基本偏差数值表的查找方法。

　　　　　（3）掌握外径千分尺的结构及刻线原理。

　　　　　（4）掌握外径千分尺读数方法和使用方法。

技能目标：（1）能根据被测零件尺寸的技术要求，选择合适的外径千分尺。

　　　　　（2）学会正确、规范使用外径千分尺对轴径的尺寸进行测量，并对零件的合格性进行判断。

【任务分析】

图 2-2-1 所示为车工初级典型轴零件。根据对图纸的技术要求分析：其中轴径尺寸有 $\phi 28^{-0.02}_{-0.04}$、$\phi 22^{+0.03}_{+0.02}$、$\phi 20 f7$、$\phi 18 f6$ 等，根据尺寸偏差及零件的形状，可选择合适的外径千

分尺正确规范地测量相关尺寸，并判断零件的合格性。

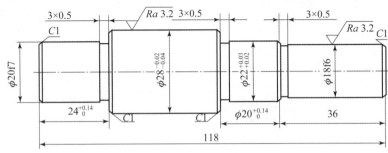

图 2-2-1 轴零件

【知识准备】

一、尺寸公差

尺寸公差（T）是零件精度的重要指标之一，是零件制造和检验其合格性的重要依据。尺寸公差是上极限尺寸减去下极限尺寸，或者是上偏差减去下偏差，它是允许尺寸的变动量，且公差为正值。如图 2-2-2 所示，公差、极限尺寸和极限偏差的关系如下：

$$孔的公差\ T_h = D_{max} - D_{min} = ES - EI \qquad 轴的公差\ T_s = d_{max} - d_{min} = es - ei$$

二、公差带

在公差带图中，由代表上极限偏差和下极限偏差（或上极限尺寸和下极限尺寸）的两条直线所限定的一个区域称为公差带，它是由公差大小和其相对于零线的位置（基本偏差）来确定的，如图 2-2-3 所示。

2-2-1
公差带图

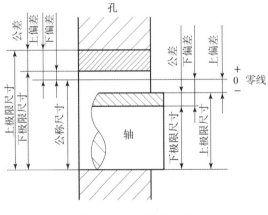

图 2-2-2 尺寸公差

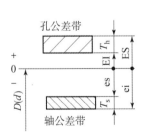

图 2-2-3 公差带

（一）零线

在公差带图中，零线是表示公称尺寸的线，是偏差的起始线。零线上方表示正偏差，下方表示负偏差。在画公差带图时，应标注相应的符号"0"" + "" – "，在其下方画出带箭头的尺寸线并标注上公称尺寸的值。

（二）公差带图

在公差带图中，由代表上、下偏差的两条直线所限定的区域称为公差带。它是由公差大小和其相对零线的位置来确定的。通常，孔公差带用由向右倾斜的剖面线表示，轴公差带用向左倾斜的剖面线表示。公差带在垂直零线方向的宽度值代表公差值，上方的线表示上极限偏差，下方的线表示下极限偏差。

（三）偏差与公差的比较

（1）偏差是从零线起计算的，是指相对于公称尺寸的偏离量，可为正值、负值或零；而公差是允许尺寸的变化量，代表加工精度的要求。由于加工误差不可避免，故公差值不能为零，一定为正值。

（2）极限偏差用于限制实际偏差，是判断尺寸是否合格的依据，而公差用于限制尺寸误差。

（3）从工艺看，偏差取决于加工时机床的调整，不反映加工难易程度，而公差表示尺寸制造精度，反映了加工的难易程度。

（4）从作用上看，极限偏差代表公差带的位置，影响配合松紧；而公差代表公差带的大小，影响配合精度。

三、标准公差

（一）标准公差（GB/T 1800.2—2009）

国家标准规定的用以确定公差带大小的任一公差称为**标准公差**。

确定尺寸精度程度的等级称为标准公差等级。规定和划分公差等级的目的是简化和统一公差的要求，使规定的等级既能满足不同的使用要求，又能大致代表各种加工方法的精度，为零件设计和制造带来极大的方便。标准公差代号由标准公差符号"IT"和公差等级数字组成。标准规定公差等级可分为IT01，IT0，IT1，IT2，…，IT18共20个等级，其中IT01精度最高，其余依次降低，IT18精度最低。常用的标准公差数值见表2-2-1。

表2-2-1 常用的标准公差数值

公称尺寸 /mm		标准公差等级																	
大于	至	IT1	IT2	IT3	IT4	IT5	IT6	IT7	IT8	IT9	IT10	IT11	IT12	IT13	IT14	IT15	IT16	IT17	IT18
		μm											mm						
—	3	0.8	1.2	2	3	4	6	10	14	25	40	60	0.1	0.14	0.25	0.4	0.6	1	1.4
3	6	1	1.5	2.5	4	5	8	12	18	30	48	75	0.12	0.18	0.3	0.48	0.75	1.2	1.8
6	10	1	1.5	2.5	4	6	9	15	22	36	58	90	0.15	0.22	0.36	0.58	0.9	1.5	2.2
10	18	1.2	2	3	5	8	11	18	27	43	70	110	0.18	0.27	0.43	0.7	1.1	1.8	2.7

公称尺寸 /mm		标准公差等级																	
		IT1	IT2	IT3	IT4	IT5	IT6	IT7	IT8	IT9	IT10	IT11	IT12	IT13	IT14	IT15	IT16	IT17	IT18
大于	至	μm											mm						
18	30	1.5	2.5	4	6	9	13	21	33	52	84	130	0.21	0.33	0.52	0.84	1.3	2.1	3.3
30	50	1.5	2.5	4	7	11	16	25	39	62	100	160	0.25	0.39	0.62	1	1.61	2.5	3.9
50	80	2	3	5	8	13	19	30	46	74	120	190	0.3	0.46	0.74	1.2	1.9	3	4.6
80	120	2.5	4	6	10	15	22	35	54	87	140	220	0.35	0.54	0.87	1.4	2.2	3.5	5.4
120	180	3.5	5	8	12	18	25	40	63	100	160	250	0.4	0.63	1	1.6	2.5	4	6.3
180	250	4.5	7	10	14	20	29	46	72	115	185	290	0.46	0.72	1.15	1.85	2.9	4.6	7.2
250	315	6	8	12	16	23	32	52	81	130	210	320	0.52	0.81	1.3	2.1	3.2	5.2	8.1
315	400	7	9	13	18	25	36	57	89	140	230	360	0.57	0.89	1.4	2.3	3.6	5.7	8.9
400	500	8	10	15	20	27	40	63	97	155	250	400	0.63	0.97	1.55	2.5	4	6.3	9.7

注：1. 此表只列出了公称尺寸小于 500 mm 的 IT1 ~ IT18 的标准公差数值。

2. 公称尺寸小于 1 mm 时，无 IT14 ~ IT18。

3. IT01 和 IT0 很少应用，因此本表中未列。

（二）标准公差等级的应用

公差等级的高低决定着产品质量和成本。公差等级越高，质量就越好，但是成本增加。质量和成本是机械制造中必须考虑的因素。选择公差等级时，就要尽可能地协调好实用要求和生产制造成本之间的关系。基本的原则是：在满足使用性能要求的前提下，尽量选取较低的公差等级去实现。各种常用加工方法与公差等级的关系见表 2 - 2 - 2。

表 2 - 2 - 2　各种常用加工方法与公差等级的关系

加工方法	公差等级　IT																	
	01	0	1	2	3	4	5	6	7	8	9	10	11	12	13	14	15	16
研磨	—	—	—	—	—													
珩磨						—	—	—	—									
圆磨						—	—	—	—									
平磨						—	—	—	—									
金刚石车								—	—	—								
金刚石镗								—	—	—								
拉削								—	—	—								
铰孔									—	—	—	—	—					
车										—	—	—	—					
镗										—	—	—	—					
铣										—	—	—	—					
刨、插												—	—	—	—			
钻孔												—	—	—	—			

续表

加工方法	公差等级　IT																	
	01	0	1	2	3	4	5	6	7	8	9	10	11	12	13	14	15	16
滚压、挤压												—	—					
冲压												—	—	—	—	—		
压铸												—	—	—	—	—		
粉末冶金成型								—	—	—								
粉末冶金烧结									—	—	—							
砂型铸造																		—
锻造																	—	

（三）公称尺寸分段

在实际生产中使用的公称尺寸很多，如果每个公称尺寸都对应一个公差值，就会形成一个庞大的公称数值表，不利于实现标准化，给实际生产带来困难。从理论上讲，同一公差等级的标准公差数值也应随公称尺寸的增大而增大。尺寸分段后，同一尺寸段内所有的公称尺寸在相同公差等级的情况下，具有相同的公差值。例如：公称尺寸 40 mm 和 50 mm 都在 30 ~ 50 mm 尺寸段，两尺寸的 IT7 数值均为 0.025 mm。

四、基本偏差（GB/T 1800.1—2009）

国家标准在《极限与配合》中规定用以确定公差带相对于零线位置的上极限偏差或下极限偏差，称为基本偏差。基本偏差一般指的是靠近零线的那个偏差。如图 2 - 2 - 4 所示，它是用来确定公差带位置的参数，当公差带在零线上方时，其基本偏差为下极限偏差；当公差带在零线下方时，其基本偏差为上极限偏差；当公差带的某一偏差为零时，此偏差自然就是基本偏差。

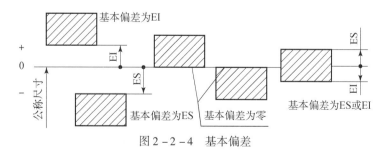

图 2 - 2 - 4　基本偏差

国家标准规定基本偏差代号用拉丁字母（按英文字母读音）表示。标准中对孔和轴各规定了 28 个基本偏差代号，其中孔用大写字母表示，轴用小写字母表示。28 个基本偏差代号，由 26 个字母中去掉 5 个易于和其他参数混淆的字母 I、L、O、Q、W（i、l、o、q、w），剩下的 21 个字母加上 CD、EF、FG、JS、ZA、ZB、ZC（cd、ef、fg、js、za、zb、zc）组成，见表 2 - 2 - 3。

表 2 - 2 - 3　基本偏差

孔	A	B	C	D	E	F	G	H	J	K	M	N	P	R	S	T	U	V	X	Y	Z			
			CD		EF	FG		JS														ZA	ZB	ZC
轴	a	b	c	d	e	f	g	h	j	k	m	n	p	r	s	t	u	v	x	y	z			
			cd		ef	fg		js														za	zb	zc

这 28 个基本偏差代号反映了 28 个公差带的位置, 构成了基本偏差系列, 如图 2 - 2 - 5 所示。

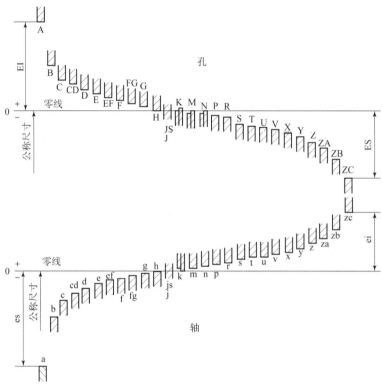

图 2 - 2 - 5　基本偏差系列

在孔的基本偏差中, A ~ H 的基本偏差是下偏差 EI; H 的基本偏差 EI = 0, 是基准孔; J ~ ZC 的基本偏差是上偏差 ES (除 J 和 K 外, 其余皆为负值); JS 的基本偏差 ES = $+ T_h/2$ 或 EI = $- T_h/2$。

轴的基本偏差中, a ~ h 的基本偏差是上偏差 es; h 的基本偏差 es = 0, 是基准轴; j ~ zc 的基本偏差是下偏差 ei (除 j 和 k 外, 其余皆为正值); js 的基本偏差 es = $+ T_s/2$ 或 ei = $- T_s/2$。但为了统一起见, 在基本偏差数值表中将 js 划归为上极限偏差, 将 JS 划归为下极限偏差。

五、公差带代号

孔、轴公差带代号由基本偏差代号与公差等级数字组成。

例如: 孔公差带代号有 H9、D9、B11、S7、T7 等;

　　　轴公差带代号有 h6、d8、k6、s6、u6 等。

图样上标注尺寸公差时，可用公称尺寸与公差带代号表示；也可用公称尺寸与极限偏差表示；还可用公称尺寸与公差带代号、极限偏差共同表示。

例如：轴可用 $\phi50k7$、$\phi50^{+0.023}_{-0.002}$ 或 $\phi50k7\left(^{+0.023}_{-0.002}\right)$ 表示；

孔可用 $\phi40G7$、$\phi40^{+0.034}_{+0.009}$ 或 $\phi40G7\left(^{+0.034}_{+0.009}\right)$ 表示。

通过几种标注方法的比较，$\phi40G7$ 是只标注公差带代号的方法，如图 2 - 2 - 6 所示。

这种方法，能清楚地表示公差带的性质，但偏差值要查表。

$\phi40G7$ 只标注公差带代号的方法适用于大批量的生产要求。

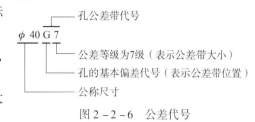

图 2 - 2 - 6　公差代号

$\phi40^{+0.034}_{+0.009}$ 只标注上、下极限偏差数值的方法适用于单件或小批量的生产要求。

$\phi40G7\left(^{+0.034}_{+0.009}\right)$ 公差带代号与偏差值共同标注的方法适用于批量不定的生产要求。

六、极限偏差数值的确定

（一）基本偏差数值

国标对孔和轴各规定了 28 个基本偏差代号，标准中列出了轴的基本偏差数值表（见附表一）和孔的基本偏差数值表（见附表二）。

查表时应注意以下几点：

（1）基本偏差代号有大、小写之分，大写的需查孔的基本偏差数值表，小写的需查轴的基本偏差数值表。

（2）查公称尺寸时，对于处于公称尺寸段界限位置上的公称尺寸该属于哪个尺寸段不要弄错。如 $\phi50$，应查 "40 ~ 50" 一行，而不应查 "50 ~ 65" 一行。

（3）分清基本偏差是上偏差还是下偏差（注意表上方的标示）。

（4）代号 j、k、J、K、M、N、P ~ ZC 的基本偏差数值与公差等级有关，查表时应根据基本偏差代号和公差等级查表中相应的列。

例：查表确定下列各尺寸的标准公差和基本偏差，并计算另一极限偏差。

（1）$\phi50f8$　　　（2）$\phi8H7$

解：（1）从附表一可查到 f 的基本偏差为上极限偏差。

其数值为：

$$es = -0.025 \text{ mm}$$

从表 2 - 2 - 1 中可查到标准公差数值为：

$$IT8 = 0.039 \text{ mm}$$

另一极限偏差为：

$$ei = es - IT8 = -0.025 - 0.039 = -0.064 \text{ mm}$$

（2）从附表二可查到 H 的基本偏差为下极限偏差。

其数值为：

$$EI = 0$$

从表 2 - 2 - 1 中可查到标准公差数值为：

$$IT7 = 0.015 \text{ mm}$$

另一极限偏差为：

$$ES = IT7 + EI = 0.015 + 0 = +0.015 \text{ mm}$$

（二）极限偏差表

上述计算方法在实际使用中较为麻烦，所以《极限与配合》标准中列出了轴的极限偏差表（见附表三）和孔的极限偏差表（见附表四）。利用查表的方法，能直接确定孔和轴的两个极限偏差数值。

查表时仍由公称尺寸查行，由基本偏差代号和公差等级查列，行与列相交处的框格有上、下两个偏差数值，上方的为上极限偏差，下方的为下极限偏差。

2 - 2 - 2　千分尺

如 $\phi 90 f 5$，查附表三即可知其极限偏差为：$\phi 90 f 5 \left({}^{-0.036}_{-0.051} \right)$。

七、外径千分尺

应用螺旋测微原理制成的量具，称为螺旋测微量具。最常用的螺旋测微器是外径千分尺，它的测量精度比游标卡尺高，并且测量比较灵活，因此多用于加工精度要求较高的零件。

（一）外径千分尺的结构

图 2 - 2 - 7 所示的机械式外径千分尺，主要由尺架、砧座、测微螺杆、锁紧手柄、固定套筒、轴套、衬套、微分筒等组成。外径千分尺规格按测量范围可分为：0 ~ 25 mm、25 ~ 50 mm、50 ~ 75 mm、75 ~ 100 mm 等，使用时，按被测零件的尺寸选取。千分尺的制造精度分为 0 级和 1 级，0 级精度最高，1 级稍差，其制造精度主要由它的示值误差和两测量面平行度误差的大小来决定。

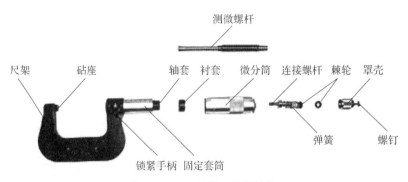

图 2 - 2 - 7　外径千分尺结构

（二）外径千分尺的刻线原理

外径千分尺是应用螺旋读数机构，将微分筒的角位移转换为测微螺杆的直线位移，如图 2 - 2 - 8 所示，测微螺杆的螺距为 0.5 mm，当微分筒转一周时，测微螺杆移动 0.5 mm。微分筒的圆锥面上共等分 50 格，因此，微分筒每转一格，测微螺杆就移动 0.5 mm ÷ 50 = 0.01 mm。

固定套管上刻有主尺刻线，每格 0.5 mm，由此可知，通过千分尺的螺旋读数机构，可以正确地读出 0.01 mm，也就是千分尺的分度值为 0.01 mm。

（三）外径千分尺的读数方法

（1）观察微分筒边缘左边固定套筒上距微分筒边缘最近的刻线所在的位置，读出固定套筒上所显示的最大尺寸，即被测尺寸的毫米数和半毫米数。如图 2 - 2 - 9 所示，整数部分为 12 mm。

（2）以固定套筒上的中线为读数基准线，观察微分筒上与固定套筒上中线对齐的刻线数，读出 0.5 mm 以下的小数值。如图 2 - 2 - 9 所示，小数部分为 $32 \times 0.01 = 0.32$（mm）。

（3）把两个读数相加即可得到外径千分尺实测的尺寸读数：$12 + 0.32 = 12.32$（mm）。

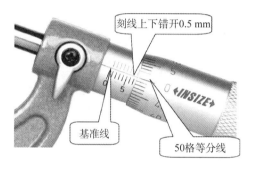

图 2 - 2 - 8　外径千分尺刻线原理

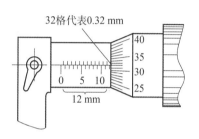

图 2 - 2 - 9　千分尺的读数方法

【任务实施】

2 - 2 - 3　千分尺
检测轴径尺寸

一、测量内容、步骤和要求

（1）练习外径千分尺的读数方法。

（2）分析图 2 - 2 - 1 中零件的相关尺寸。

（3）掌握利用外径千分尺检测相关尺寸的方法、步骤。

（4）处理测量数据以及评定各尺寸的合格性。

（5）填写测量报告并做好 5S 管理规范。

二、测量过程及测量报告（表 2 - 2 - 4）

表 2 - 2 - 4　测量过程及测量报告

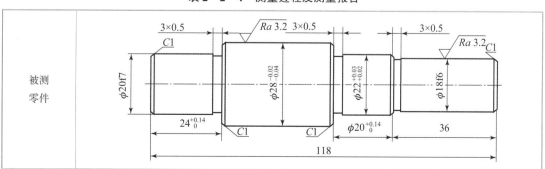

被测零件	

续表

测量项目分析	$\phi28^{-0.02}_{-0.04}$、$\phi22^{+0.03}_{+0.02}$、$\phi20f7$、$\phi18f6$		
测量器具	量具名称	分度值	测量范围
	千分尺	0.01 mm	0 ~ 25 mm/25 ~ 50 mm
测量过程	检测说明		检测示范
1. 检查千分尺	用棉布擦净千分尺测量面，检查是否运动正常。旋转测力装置时，要求其能轻快而灵活地带动微分筒旋转，测微螺杆移动要平稳，无卡住现象		
2. 校准零位	校验千分尺"0"位，若"0"位不准，可松开紧固螺钉，用专用扳手转动固定套筒		

续表

测量过程	检测说明	检测示范
3. 游标 卡尺预测	利用游标卡尺对被测零件进行预测量,以免发生后期千分尺检测零件 0.5 mm 读数的误读,保证测量的准确性	
4. 零件 检测	右手转动微分筒,使测微螺杆与固定测砧间距稍大于被测零件,然后放入被测零件,随之将固定测砧与零件接触,旋转微分筒,使测砧端面与零件表面接近	
	将零件置于外径千分尺两测量面之间,使千分尺的测量轴线与零件中心线垂直或平行	
	当快靠近被测零件时应停止旋转微分筒,而改用棘轮,直到棘轮发出 2~3 次的"咔咔"声为止	

续表

测量过程	检测说明	检测示范
4. 零件检测	旋紧锁紧手柄，进行读数。测量结束后，松开锁紧手柄，反方向旋转微分筒，取下千分尺	

被测值		测量值/mm			平均值	合格性判断
		测值1	测值2	测值3		
$\phi20f7$	上极限偏差					
	下极限偏差					
$\phi28_{-0.04}^{-0.02}$	上极限偏差					
	下极限偏差					
$\phi22_{+0.02}^{+0.03}$	上极限偏差					
	下极限偏差					
$\phi18f6$	上极限偏差					
	下极限偏差					

【任务总结】

（1）公差等级越高，也就是基本偏差代号后面的数字越小，零件的精度就越高，但加工就越困难，生产成本就越高。因此在选择公差等级时，一般应在满足机器性能和使用要求的前提下，尽可能选用较低的公差等级。

（2）基本偏差系列图中仅仅绘出了公差带的一端，未给出公差带的另一端，这主要取决于公差大小。因此，任何一个公差带代号都由基本偏差代号和公差等级数字组成。

（3）外径千分尺是一种精度比较高的通用量具，按其制造精度可以分为 0 级和 1 级两种，0 级精度高。外径千分尺的制造精度主要是由它的示值误差、测砧端面的平行度误差以及尺架受力时变形量的大小来决定的。

（4）测量时，千分尺的测量面和零件的被测量表面应擦拭干净，将被测零件置于外径千分尺两测量面之间，使千分尺的测量轴线与零件中心线垂直或平行。

【知识拓展】

（一）内测千分尺

内测千分尺如图 2 - 2 - 10 所示，用于测量小尺寸内径和内侧面槽的宽度。其特点是容易找正内孔直径，测量比较方便。其固定套筒上的刻线方向与外径千分尺相反，但读数方法相同。测量范围有 5 ~ 30 mm 和 25 ~ 50 mm 两种。

（a）　　　　　　　　　　　（b）

图 2 - 2 - 10　内测千分尺

（a）普通千分尺；（b）数显千分尺

（二）三点内径千分尺

三点内径千分尺如图 2 - 2 - 11 所示，主要用于测量中小直径的精密内孔，尤其适于测量深孔的直径。测量范围有 6 ~ 8 mm、8 ~ 10 mm、10 ~ 12 mm 等。三点内径千分尺的零位，必须在标准孔内进行校对。

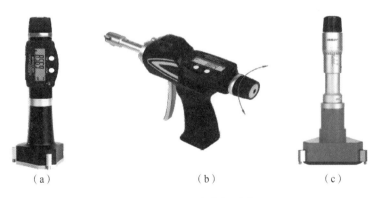

（a）　　　　　　　　　（b）　　　　　　　　　（c）

图 2 - 2 - 11　三点内径千分尺

（a）数显式；（b）枪式；（c）普通式

（三）深度千分尺

深度千分尺与外径千分尺相似，只是多了一个基座，而没有尺架，如图 2 - 2 - 12 所示，主要用于测量尺寸精度要求较高的盲孔、沟槽的深度和台阶的高度。测量杆可更换，测量杆分为 0 ~ 25 mm、25 ~ 50 mm、50 ~ 75 mm、75 ~ 100 mm 等四种，可以测量 0 ~ 150 mm 范围内的任何尺寸。

（a）　　　　　　　　　　　（b）

图 2 - 2 - 12　深度千分尺

（a）普通式；（b）数显式

任务 3　使用塞尺检测配合间隙

【任务目标】

知识目标：（1）了解一般、常用和优先的公差带。

　　　　　（2）掌握三种配合性质的选用及判断方法。

　　　　　（3）掌握塞尺的结构及使用方法。

技能目标：（1）能根据被测零件尺寸的技术要求，合理选用测量器具。

　　　　　（2）学会正确、规范使用塞尺对配合间隙进行检测，并对零件的合格性进行判断。

【任务分析】

图 2 - 3 - 1 所示的燕尾十字配合件，是装配钳工中训练锉配的典型零件。根据对图纸的技术要求分析：技术要求件 1 与件 2 配合后的间隙≤0.06 mm，同时翻转 180°后，其配合间隙≤0.06 mm。本任务主要是学习利用塞尺检测配合间隙并进行合格性判断。

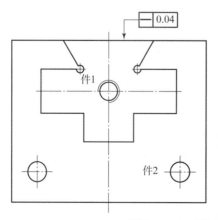

技术要求

1.件2配合面按件7配作，间隙≤0.06；

2.件1沿Y轴翻转180°，间隙≤0.06；

3.锐边倒圆R0.3，孔口倒角C1。

$\sqrt{Ra\ 3.2}$　$\sqrt{\ }$（$\sqrt{\ }$）

图 2 - 3 - 1　燕尾十字配合件

【知识准备】

一、一般、常用和优先的公差带

GB/T 1800.1—2009 规定的标准公差等级有 20 级，基本偏差有 28 个，由此可组成很多种公差带。孔有 20×27+3（J6、J7、J8）=543（种），轴有 20×27+4（j5、j6、j7、j8）=544（种），孔和轴公差带又能组成更大数量的配合。

但在生产实践中，若使用数量这样多的公差带，既发挥不了标准化应有的作用，也不利于生产。国家标准在满足我国实际需要和考虑生产发展需要的前提下，为了尽可能减少零件、定值刀具、定值量具和工艺装备的品种、规格，对孔和轴所选用的公差带作了必要的限制。

国家标准对公称尺寸至 500 mm 的孔、轴规定了优先、常用和一般用途三类公差带。轴的一般用途公差带 116 种，其中又规定了 59 种常用公差带，即用线框框住的公差带；在常用公差带中又规定了 13 种优先公差带，即用圆圈圈住的公差带，如图 2-3-2 所示。

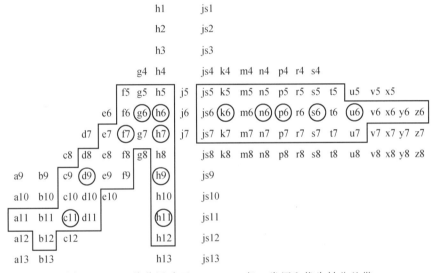

图 2-3-2 公称尺寸至 500 mm 一般、常用和优先轴公差带

同样，对孔公差带也规定了 105 种一般用途公差带，44 种常用公差带和 13 种优先公差带，如图 2-3-3 所示。

二、配合（GB/T 1800.1—2009）

配合就是公称尺寸相同的、相互结合的孔与轴公差带之间的关系。孔、轴公差带之间的不同关系，决定了孔、轴结合的松紧程度，这也就决定了孔、轴的配合类型。

根据孔、轴公差带之间的关系，配合分为间隙配合、过盈配合和过渡配合三类。

（一）间隙配合

具有间隙（孔的尺寸减去轴的尺寸为正）的配合（包括最小间隙等于零）称为间隙配合。在间隙配合中，孔的公差带完全在轴的公差带之上，如图 2-3-4 所示。

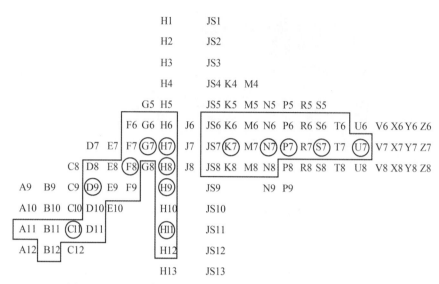

图 2 – 3 – 3 公称尺寸至 500 mm 一般、常用和优先孔公差带

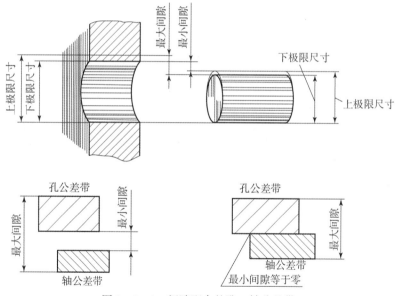

图 2 – 3 – 4 间隙配合的孔、轴公差带

由于孔、轴的实际（组成）要素允许在其公差带内变动，所以其配合的间隙也是变动的。当孔为最大极限尺寸而与其相配的轴为最小极限尺寸时，配合处于最松状态，此时的间隙称为最大间隙，用 X_{max} 表示。当孔为最小极限尺寸而与其相配的轴为最大极限尺寸时，配合处于最紧状态，此时的间隙称为最小间隙，用 X_{min} 表示。

$$X_{max} = D_{max} - d_{min} = ES - ei$$

$$X_{min} = D_{min} - d_{max} = EI - es$$

例：在孔、轴配合中，计算孔 $\phi 50^{+0.025}_{0}$ 和轴 $\phi 50^{-0.025}_{-0.050}$ 的间隙（过盈）和配合公差 T_f（图 2 – 3 – 5）。

解：$X_{max} = +0.025 - (-0.050) = +0.075$

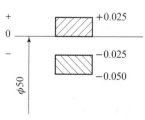

图 2 – 3 – 5 孔、轴配合数据

$$X_{\min} = 0 - (-0.025) = +0.025$$

$$T_f = +0.075 - 0.025 = 0.050$$

(二) 过盈配合

具有过盈（孔的尺寸减去轴的尺寸为负）的配合（包括最小过盈等于零），称为过盈配合。在过盈配合中，孔的公差带在轴的公差带之下，如图 2 – 3 – 6 所示。

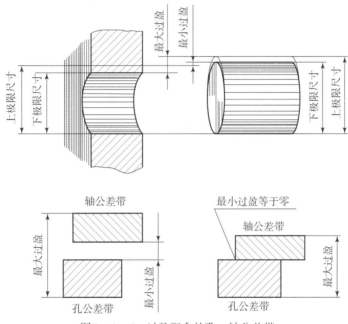

图 2 – 3 – 6　过盈配合的孔、轴公差带

由于孔、轴的实际（组成）要素允许在其公差带内变动，所以其配合的过盈也是变动的。当孔为最小极限尺寸而与其相配的轴为最大极限尺寸时，配合处于最紧状态，此时的过盈称为最大过盈，用 $Y_{\max}$ 表示。当孔为最大极限尺寸而与其相配的轴为最小极限尺寸时，配合处于最松状态，此时的过盈称为最小过盈，用 $Y_{\min}$ 表示。

$$Y_{\max} = D_{\min} - d_{\max} = EI - es$$

$$Y_{\min} = D_{\max} - d_{\min} = ES - ei$$

例：在孔与轴配合时，计算孔 $\phi 50^{+0.025}_{0}$ 和轴 $\phi 50^{+0.059}_{+0.043}$ 的间隙（过盈）和配合公差 T_f（图 2 – 3 – 7）。

解：$Y_{\max} = 0 - (+0.059) = -0.059$

$Y_{\min} = +0.025 - (+0.043) = -0.018$

$T_f = -0.018 - (-0.059) = 0.041$

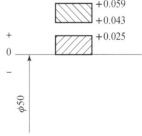

图 2 – 3 – 7　孔、轴配合数据

(三) 过渡配合

可能具有间隙或过盈的配合称为过渡配合。在过渡配合中，孔的公差带与轴的公差带相互交叠。过渡配合是介于间隙配合与过盈配合之间的一种配合，但是其间隙或过盈都不大，如图 2 – 3 – 8 所示。

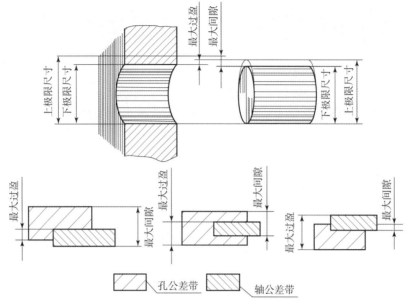

图 2 - 3 - 8 过渡配合的孔、轴公差带

同样，孔、轴的实际（组成）要素是允许在其公差带内变动的。当孔的尺寸大于轴的尺寸时，具有间隙。当孔为最大极限尺寸，而轴为最小极限尺寸时，配合处于最松状态，此时的间隙为最大间隙。当孔的尺寸小于轴的尺寸时，具有过盈。当孔为最小极限尺寸，而轴为最大极限尺寸时，配合处于最紧状态，此时的过盈为最大过盈。

$$X_{\max} = D_{\max} - d_{\min} = \mathrm{ES} - \mathrm{ei}$$
$$Y_{\max} = D_{\min} - d_{\max} = \mathrm{EI} - \mathrm{es}$$

过渡配合中也可能出现孔的尺寸减轴的尺寸为零的情况。这个零值可称为零间隙，也可称为零过盈，但它不能代表过渡配合的性质特征，代表过渡配合松紧程度的特征值是最大间隙和最大过盈。

配合的类型也可以根据孔、轴的极限偏差来判断。由三种配合的孔、轴公差带位置可以看出：

$$\mathrm{EI} \geqslant \mathrm{es} \text{ 时，为间隙配合；}$$

$$\mathrm{ES} \leqslant \mathrm{ei} \text{ 时，为过盈配合；}$$

以上两式都不成立时，为过渡配合。

三、配合公差（T_f）

配合公差是允许间隙或过盈的变动量。配合公差等于组成配合的孔和轴的公差之和。它表示配合精度，是评定配合质量的一个重要指标，配合公差用 T_f 表示。

$$T_f = T_h + T_s$$
$$\text{间隙配合 } T_f = |X_{\max} - X_{\min}|$$
$$\text{过盈配合 } T_f = |Y_{\min} - Y_{\max}|$$
$$\text{过渡配合 } T_f = |X_{\max} - Y_{\max}|$$

配合公差越大，则配合的精度越低。反之，配合公差越小，配合精度越高。

2-3-1 基孔制和基轴制

四、配合制

配合制是指同一极限值的孔和轴组成配合的一种制度，以两个相配合的零件中的一个零件作为基准件，并选定标准公差带，而改变另一个零件的公差带位置，从而形成一个配合制度。配合的性质由相配合的孔、轴公差带的相对位置决定，因而改变孔和（或）轴的公差带位置，就可以得到不同性质的配合。为了便于应用，国标对孔与轴公差带之间的相互关系，规定了两种基准制，即基孔制和基轴制。

（一）基孔制

基孔制是基本偏差固定不变的孔公差带，与不同基本偏差的轴公差带形成各种配合的一种制度。基孔制的孔为基准孔，基本偏差代号为"H"，它的下偏差为零，公差带位于零线上方，与相对零线有各种不同位置的轴的公差带形成各种不同的配合性质，如图 2-3-9（a）所示。

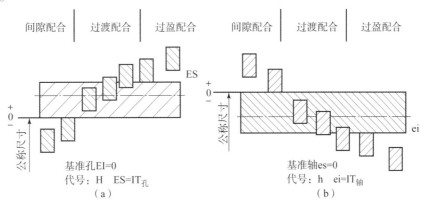

图 2-3-9　基孔制与基轴制

（a）基孔制；（b）基轴制

（二）基轴制

基轴制是基本偏差为一定的轴的公差带，与不同基本偏差的孔的公差带形成各种配合的一种制度。基轴制中的轴为基准轴。基本偏差代号为"h"，它的上偏差为零，公差带位于零线下方，与相对零线有各种不同位置的孔的公差带形成各种不同性质的配合，如图 2-3-9（b）所示。

（三）混合配合

在实际生产中，根据需求有时也采用非基孔制和非基轴制的配合，这种没有基准件的配合称为混合配合，如 G8/m7、F7/n6 等。

五、配合代号

国家标准规定：配合代号用孔、轴公差带代号的组合表示，写成分数形式，分子为孔的公差带代号，分母为轴的公差带代号，如 H8/f7 或 $\frac{H8}{f7}$。在图样上标注时，配合代号标注在公称尺寸之后。

配合代号标注的含义：如 $\phi50$H8/f7 或 $\phi50\frac{H8}{f7}$，表示公称尺寸为 $\phi50$ mm 的孔、轴配合，孔的公差带代号为 H8，轴的公差带代号为 f7，基孔制间隙配合。

六、基准制的选用

基准制的选择主要根据机器的功能、结构、加工工艺、装配以及经济效益等因素考虑。

（1）一般情况下，应优先选用基孔制。因为孔通过定位刀具（如钻头、铰刀、拉刀等）加工，用极限量规检测，所以选用基孔制可以减少孔用刀具的品种和规格，降低加工成本，利于实现刀具和量具的标准化和系列化。

（2）在有些情况下可采用基轴制，如采用外圆的尺寸、形状相当准确且表面光洁的冷拔圆棒料做精度要求不高的轴时，采用基轴制在技术上、经济上都是合理的。

（3）与标准件配合时，配合制的选择通常依标准件而定，如滚动轴承内圈与轴的配合采用基孔制，而滚动轴承外圈与孔的配合采用基轴制，如图 2-3-10 所示。

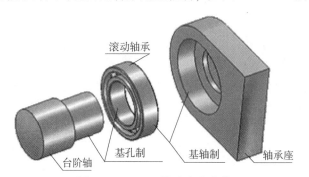

图 2-3-10　以轴承为基准件

（4）为了满足配合的特殊要求，允许采用混合配合，如图 2-3-11 所示的轴承座孔与轴承外径、端盖的配合：轴承外径与座孔的配合按规定为基轴制过渡配合，因而轴承座孔为非基准孔；而轴承座孔与端盖凸缘之间应是较低精度的间隙配合，此时凸缘公差带必须置于轴承座孔公差带的下方，因而端盖凸缘为非基准轴。所以，轴承座孔与端盖凸缘的配合为混合配合。

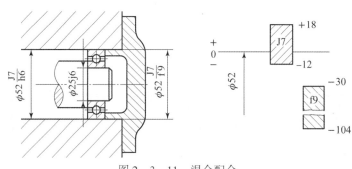

图 2-3-11　混合配合

七、塞尺

塞尺是测量间隙的薄片量尺，又称测微片或厚薄规；由一组具有不同厚度级差的薄钢片组成，按其厚度的尺寸系列配套编组，一端用螺钉或铆钉把一组塞尺组合起来，外面用两块保护板保护塞片，如图 2 – 3 – 12 所示。

塞尺一般用不锈钢制造，最薄的为 0.02 mm，最厚的为 3 mm。0.02 ~ 0.1 mm，各钢片厚度级差为 0.01 mm；0.1 ~ 1 mm，各钢片的厚度级差一般为 0.05 mm；自 1 mm 以上，钢片的厚度级差为 1 mm。

图 2 – 3 – 12 塞尺

【任务实施】

一、测量内容、步骤和要求

（1）熟悉塞尺的使用方法。

（2）分析图 2 – 3 – 1 中零件配合间隙技术要求。

（3）掌握利用塞尺检测配合间隙的方法、步骤。

（4）处理测量数据以及评定各尺寸的合格性。

（5）填写测量报告并做好 5S 管理规范。

2 – 3 – 2 塞尺检测
配合间隙

二、测量过程及测量报告（表 2 – 3 – 1）

表 2 – 3 – 1 测量过程及测量报告

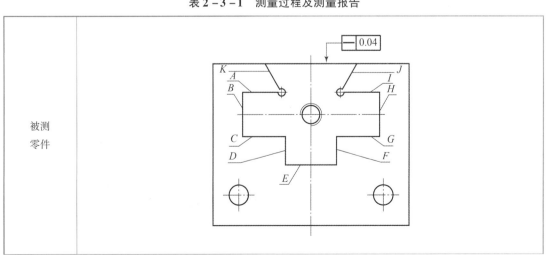

测量项目分析	配合间隙≤0.06 mm；翻转180°后的配合间隙≤0.06 mm		
测量器具	量具名称	分度值	测量范围
	塞尺		
测量过程	检测说明		检测示范
1. 检查塞尺	根据图纸技术要求，选择合适范围的塞尺，用无纺布将塞尺以及被测零件的表面擦拭干净		
2. 装配	将燕尾十字两零件进行相对固定，以免松动导致间隙变化而影响测量结果		
3. 间隙检测	选择最小间隙塞尺并塞入。如果无阻力，则需要选择规格大的塞尺进行检测，直到塞进去感觉阻力适中		

续表

被测值		测量值/mm			平均值	合格性判断
		测值 1	测值 2	测值 3		
位置	精度要求					
A（翻 180°）	≤0.06 mm					
B（翻 180°）	≤0.06 mm					
C（翻 180°）	≤0.06 mm					
D（翻 180°）	≤0.06 mm					
E（翻 180°）	≤0.06 mm					
F（翻 180°）	≤0.06 mm					
G（翻 180°）	≤0.06 mm					
H（翻 180°）	≤0.06 mm					
I（翻 180°）	≤0.06 mm					
J（翻 180°）	≤0.06 mm					
K（翻 180°）	≤0.06 mm					

【任务总结】

（1）使用塞尺时，根据间隙的大小，可用一片或数片重叠在一起插入间隙内，但是片数越少越好，以免累积误差。

（2）塞尺片有的很薄，容易弯曲和折断，所以测量时，用力不能太大，不能测量温度较高的零件。

（3）将符合最小间隙要求的塞尺片插入凹凸件配合片间，感觉稍有阻力，说明该间隙值接近塞尺上所标出的数值；如果阻力过大，则说明该间隙值小于塞尺上所标注的数值，判断为不合格。

（4）将符合最大间隙要求的塞尺片插入凹凸件配合片间，感觉稍有阻力，说明该间隙值接近塞尺上所标出的数值；如果阻力过小，则说明该间隙值大于塞尺上所标注的数值，判断为不合格。

【知识拓展】

(一) 常用和优先配合

从理论上讲，任一孔公差带和任一轴公差带都能组成配合，因而 543 种孔公差带和 544 种轴公差带可组成近 30 万种配合。即使是常用孔、轴公差带任意组合，也可形成两千多种配合。国家标准根据我国的生产实际需求，参照国际标准，对配合数目进行了限制。国家标准在公称尺寸至 500 mm 范围内，对基孔制规定了 59 种常用配合，对基轴制规定了 47 种常用配合。这些配合分别由孔、轴的常用公差带和基准孔、基准轴的公差带组合而成。在常用配合中又对基孔制、基轴制各规定了 13 种优先配合，优先配合分别由孔、轴的优先公差带与基准孔和基准轴的公差带组合而成。基孔制、基轴制的优先和常用配合分别见表 2 - 3 - 2 和表 2 - 3 - 3。

表 2 - 3 - 2　基孔制优先、常用配合

基准孔	轴																				
	a	b	c	d	e	f	g	h	js	k	m	n	p	r	s	t	u	v	x	y	x
	间隙配合								过渡配合			过盈配合									
H6						$\frac{H6}{f5}$	$\frac{H6}{g5}$	$\frac{H6}{h5}$	$\frac{H6}{js5}$	$\frac{H6}{k5}$	$\frac{H6}{m5}$	$\frac{H6}{n5}$	$\frac{H6}{p5}$	$\frac{H6}{r5}$	$\frac{H6}{s5}$	$\frac{H6}{t5}$					
H7						$\frac{H7}{f6}$	$\frac{H7}{g6}$	$\frac{H7}{h6}$	$\frac{H7}{js6}$	$\frac{H7}{k6}$	$\frac{H7}{m6}$	$\frac{H7}{n6}$	$\frac{H7}{p6}$	$\frac{H7}{r6}$	$\frac{H7}{s6}$	$\frac{H7}{t6}$	$\frac{H7}{u6}$	$\frac{H7}{v6}$	$\frac{H7}{x6}$	$\frac{H7}{y6}$	$\frac{H7}{z6}$
H8					$\frac{H8}{e7}$	$\frac{H8}{f7}$	$\frac{H8}{g7}$	$\frac{H8}{h7}$	$\frac{H8}{js7}$	$\frac{H8}{k7}$	$\frac{H8}{m7}$	$\frac{H8}{n7}$	$\frac{H8}{p7}$	$\frac{H8}{r7}$	$\frac{H8}{s7}$	$\frac{H8}{t7}$	$\frac{H8}{u7}$				
				$\frac{H8}{d8}$	$\frac{H8}{e8}$	$\frac{H8}{f8}$		$\frac{H8}{h8}$													
H9			$\frac{H9}{c9}$	$\frac{H9}{d9}$	$\frac{H9}{e9}$	$\frac{H9}{f9}$		$\frac{H9}{h9}$													
H10			$\frac{H10}{c10}$	$\frac{H10}{d10}$				$\frac{H10}{h10}$													
H11	$\frac{H11}{a11}$	$\frac{H11}{b11}$	$\frac{H11}{c11}$	$\frac{H11}{d11}$				$\frac{H11}{h11}$													
H12		$\frac{H12}{b12}$						$\frac{H12}{h12}$													

注：①$\frac{H6}{n5}$、$\frac{H7}{p6}$ 在公称尺寸小于或等于 3 mm 和 $\frac{H8}{r7}$ 在小于或等于 100 mm 时，为过渡配合。

②标注▟ 的配合为优先配合。

表 2 - 3 - 3　基轴制优先、常用配合

基准轴	孔																				
	A	B	C	D	E	F	G	H	JS	K	M	N	P	R	S	T	U	V	X	Y	Z
	间隙配合								过渡配合			过盈配合									
h5						$\frac{F6}{h5}$	$\frac{G6}{h5}$	$\frac{H6}{h5}$	$\frac{JS6}{h5}$	$\frac{K6}{h5}$	$\frac{M6}{h5}$	$\frac{N6}{h5}$	$\frac{P6}{h5}$	$\frac{R6}{h5}$	$\frac{S6}{h5}$	$\frac{T6}{h5}$					

续表

基准轴	孔																				
	A	B	C	D	E	F	G	H	JS	K	M	N	P	R	S	T	U	V	X	Y	Z
	间隙配合								过渡配合				过盈配合								
h6						F7/h6	G7/h6	H7/h6	JS7/h6	K7/h6	M7/h6	N7/h6	P7/h6	R7/h6	S7/h6	T7/h6	U7/h6				
h7					E8/h7	F8/h7		H8/h7	JS8/h7	K8/h7	M8/h7	N8/h7									
h8				D8/h8	E8/h8	F8/h8		H8/h8													
h9				D9/h9	E9/h9	F9/h9		H9/h9													
h10				D10/h10				H10/h10													
h11	A11/h11	B11/h11	C11/h11	D11/h11				H11/h11													
h12		B12/h12						H12/h12													

注：标注▟的配合为优先配合。

（二）优先配合特性及应用举例（表2-3-4）

表2-3-4 各种优先配合的特性及应用

基孔制	基轴制	优先配合特性及应用举例
H11/c11	C11/h11	间隙很大，用于缓慢、松弛的动配合，工作条件较差、受力变形或为了便于装配而需要大间隙的配合，高温时有相对运动的配合
H9/d9	D9/h9	间隙较大，用于高速、重载的滑动轴承或大直径的滑动轴承；也可用于大跨距或多支点支承的配合
H8/f7	F8/h7	间隙适中，用于一般转速的转动配合。当温度影响不大时，广泛地应用在普通润滑油（或润滑脂）润滑的支承处
H7/g6	G7/h6	间隙较小，最适合用于不回转的精密滑动配合或用于缓慢间歇回转的精密配合
H7/h6 H8/h7 H9/h9 H11/h11	H7/h6 H8/h7 H9/h9 H11/h11	间隙很小或为零，用于不同精度要求的一般定位配合或缓慢移动和摆动配合

续表

基孔制	基轴制	优先配合特性及应用举例
$\dfrac{H7}{k6}$	$\dfrac{K7}{h6}$	过渡配合，用于稍有振动的定位配合。加紧固件可传递一定的载荷，装拆方便
$\dfrac{H7}{n6}$	$\dfrac{N7}{h6}$	过渡配合，用于精确定位或紧密组件的配合。由于拆卸较困难，一般大修理时才拆卸
$\dfrac{H7\,*}{p6}$	$\dfrac{P7}{h6}$	过盈配合，用锤子或压力机装配，用于精确的定位配合，但不能靠过盈产生的紧固性传递载荷；在传递转矩或轴向力时，须加紧固件
$\dfrac{H7}{s6}$	$\dfrac{S7}{h6}$	用压力机，或热胀孔或冷缩轴法装配，用于中等压入配合。在传递较小转矩或轴向力时，不需加紧固件；若承受较大载荷或动载荷时，应加紧固件
$\dfrac{H7}{u6}$	$\dfrac{U7}{h6}$	用热胀孔或冷缩轴的压入配合，不加紧固件，能传递和承受很大的转矩和动载荷，但材料的许用应力要大

注：＊小于或等于 3 mm 为过渡配合。

三、配合类别的选择

配合的选用要根据使用要求，一般配合的选用有计算法、实验法和类比法，一般情况下采用类比法。

（1）首先根据使用要求，确定配合的类型，即确定是间隙配合、过盈配合，还是过渡配合。

（2）进一步类比确定选用哪一种配合。

（3）当实际工作条件与典型配合的应用场合有所不同时，应对配合的松紧做适当的调整，最后确定选用哪种配合，见表 2 − 3 − 5。

表 2 − 3 − 5 配合类别选择的基本原则

无相对运动	要传递转矩	要精确同轴 · 永久结合	过盈配合
		要精确同轴 · 可拆结合	过渡配合或基本偏差为 H(h)[2] 的间隙配合加紧固件[1]
		无须精确同轴	间隙配合加紧固件[1]
	不传递转矩		过渡配合或小过盈配合
有相对运动	只有移动		基本偏差为 H(h)[2]，G(g)[2] 的间隙配合
	转动或转动和移动复合运动		基本偏差为 A ~ F（a ~ f）[2] 的间隙配合

注：①紧固件指键、销钉和螺钉等。

②指非基准件的基本偏差代号。

任务4 使用百分表检测偏心距

【任务目标】

知识目标：（1）了解百分表的结构、工作原理。
　　　　　（2）了解偏摆仪的结构及使用方法。
　　　　　（3）掌握百分表的读数和使用方法。

技能目标：（1）能根据被测零件尺寸的技术要求，合理选用测量器具。
　　　　　（2）学会正确、规范使用百分表检测轴偏心距，并对零件的合格性进行判断。

【任务分析】

如图 2-4-1 所示的偏心轴，是指外圆与外圆的轴线平行而不重合的零件。这两条平行轴线之间的距离称为偏心距。外圆与外圆偏心的零件叫作偏心轴或偏心盘；外圆与内孔偏心的零件叫作偏心套。其加工方式主要是车削。通过对图纸分析：该轴零件中 2 ± 0.1、3 ± 0.1 两个偏心距需要检测。本任务主要是学习利用百分表检测偏心距及合格性判断。

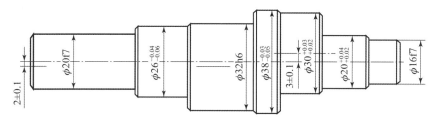

图 2-4-1　偏心轴

【知识准备】

一、百分表结构及原理

指示式量具是以指针指示测量结果的量具，车间常用的指示式量具有百分表、千分表、杠杆百分表和内径百分表等，主要用于直接或比较测量零件的长度尺寸、几何形状偏差，也用于校正零件的安装或机床精度。百分表和千分表的结构及原理基本相同，即千分表的读数精度为 0.001 mm，百分表的读数精度为 0.01 mm。

2-4-1　百分表

（一）百分表的结构

百分表是应用最为广泛的一种机械式量仪，其结构如图 2-4-2 所示。它是将其测量杆的直线位移转变为指针在表盘的角位移进行读数的一种通用量具；使用简单、维修方便、测量范围大；不仅能用于比较测量，也能用于绝对测量。

图 2 - 4 - 2　百分表

（二）百分表的刻线原理

百分表的测量杆移动 1 mm，大指针正好回转一圈。在百分表的表盘上沿圆周刻有 100 个刻度，当指针转过 1 格时，表示所测量的尺寸变化为 1 mm/100 = 0.01 mm，所以百分表的分度值为 0.01 mm。目前，国产百分表的测量范围（即测量杆的最大移动量）有 0～3 mm、0～5 mm、0～10 mm 三种。

（三）百分表座

百分表在正常使用情况下，需要和与之相适应的表座相结合进行测量，使用百分表测量时，应将百分表安装在百分表座或专用夹具上。图 2 - 4 - 3 所示为常用的百分表座和百分表架。

图 2 - 4 - 3　常用的百分表座和百分表架

二、百分表的使用方法

（1）测量前应检查表盘玻璃是否破裂或脱落，测量头、测量杆、套筒等是否有碰伤或锈蚀，指针是否有松动现象，指针的转动是否平稳等。百分表要被牢固地装夹在表架上，夹紧力不宜过大，以免使装夹套筒变形，卡住测量杆；应检验测量杆移动是否灵活。

（2）测量杆与零件被测表面必须垂直，否则将产生较大的测量误差，测量平面如图 2 - 4 - 4（a）所示。测量圆柱形零件时，测量杆轴线应与圆柱形零件直径方向一致，如图 2 - 4 - 4（b）所示。

（3）测量时，应轻轻提起测量杆，把零件移至测量头下面，缓慢下降测量头，使之与零件接触；不准把零件强迫推至测量头下，也不准急骤下降测量头，以免产生瞬时冲击力给测量带来误差。测量头与零件表面接触时，测量杆应有 0.3～1 mm 的压缩量，以保持一定的起始测量力。

（4）测量杆上不要加油，以免油污进入表内，影响传动机构和测量杆移动的灵活性。

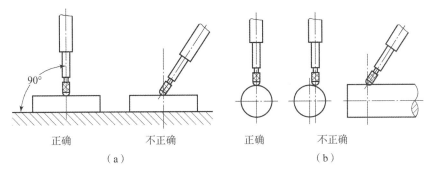

图 2 - 4 - 4　百分表正确测量方法

（a）测量平面；（b）测量圆柱面

三、百分表的维护保养

（1）使用前应检查百分表测量头是否有损坏，测量杆移动是否灵活，指针是否有松动、转动不平稳等现象。

（2）百分表要轻拿轻放，不要使表受到剧烈的振动和撞击，也不要敲打表的任何部位。

（3）使用时表架要放稳，以免百分表跌落损坏。

（4）严防水、油等进入表内，不允许随便拆卸表的后盖。

（5）如果长期不用，测量杆不准涂凡士林或其他油类，以免影响测量杆移动的灵活性。

（6）测量时不要用力过大或过快地按压活动测量头，避免活动测量头受到剧烈振动。

（7）百分表使用完毕，要擦净，测量头上涂好防锈油放回盒内，让测量杆处于自由状态，避免表内弹簧失效。

四、偏摆仪

偏摆仪是常用的一种计量器具，一般用铸铁制成，带有可调整的前后顶尖座和高精度的纵向、横向导轨，并配有专用表架。利用百分表、千分表可对回转体零件进行同轴度误差、跳动误差等的检测，如图 2 - 4 - 5 所示。

2 - 4 - 2
偏摆仪

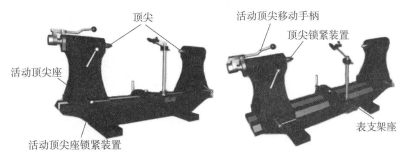

图 2 - 4 - 5　偏摆仪

测量前将零件安装在两顶尖之间，以零件转动自如又无松动为宜。将百分表安装在表架上，使百分表测量杆垂直向下，与被测表面接触，转动被测零件，观察表针变化从而完成相关测量。

2 – 4 – 3
偏心距检测

【任务实施】

一、测量内容、步骤和要求

（1）练习百分表的读数、偏摆仪的使用方法。

（2）分析图 2 – 4 – 1 中零件的相关尺寸。

（3）掌握利用百分表检测偏心距的方法、步骤。

（4）处理测量数据以及评定各尺寸的合格性。

（5）填写测量报告并做好 5S 管理规范。

二、测量过程及测量报告（表 2 – 4 – 1）

表 2 – 4 – 1　测量过程及测量报告

被测零件	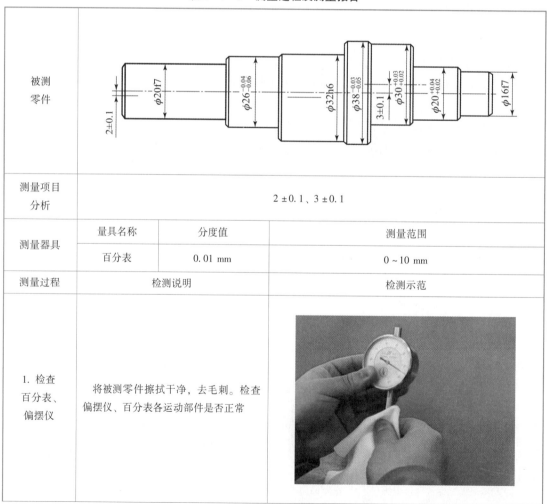		
测量项目分析	2 ± 0.1、3 ± 0.1		
测量器具	量具名称	分度值	测量范围
	百分表	0.01 mm	0 ~ 10 mm
测量过程	检测说明	检测示范	
1. 检查百分表、偏摆仪	将被测零件擦拭干净，去毛刺。检查偏摆仪、百分表各运动部件是否正常		

测量过程	检测说明	检测示范
2. 装夹零件	将固定顶尖座锁紧，调整两顶尖之间的距离略小于零件的长度，将零件装夹在两顶尖之间，并锁紧顶尖锁紧装置	
3. 安装百分表	将百分表测量杆垂直向下，测量头与被测偏心圆柱接触（测量头的压缩量大于偏心距的 2 倍），使测量杆的中心线通过被测偏心圆柱的轴线	

续表

测量过程	检测说明	检测示范
4. 找最低点	转动零件，使测量头处于偏心圆柱的最低点（或者最高）位置，然后将百分表调零	
5. 转动零件	转动零件，观察百分表指针最大变动量，并记录数据	

被测值		测量值/mm			平均值	合格性判断
		测值 1	测值 2	测值 3		
2 ± 0.1	上极限偏差					
	下极限偏差					
3 ± 0.1	上极限偏差					
	下极限偏差					

【任务总结】

（1）测量圆柱面时，测量杆的中心线要通过被测圆柱面的中心线。

（2）用百分表进行相对测量时，测量前先用标准件或量块校对百分表，转动表圈，使表盘的零刻度线对准指针，然后再测量零件，从表中读出零件尺寸相对标准件或量块的偏差，从而确定零件尺寸。

（3）直接测量：两端有中心孔的偏心零件，如果其偏心距较小，则可以在两顶尖之间测量偏心距。

（4）间接测量：偏心距较大的零件，或无中心孔的偏心零件，因为受到百分表测量范围的限制，需要采用间接的测量方法。

【知识拓展】

较大偏心距的检测

测量偏心距较大的偏心轴时（图 2 - 4 - 6），把 V 形块放在平板上，并把零件安放在 V 形块中，转动偏心轴，用百分表测量出偏心轴的最高点；找出最高点后，把零件固定，再将百分表水平移动，测出偏心轴外圆与基准轴外圆之间的距离 a，则偏心距 e 的计算式如下：

$$e = D/2 - d/2 - a$$

式中：D——基准轴直径；

　　　d——偏心轴直径；

　　　a——基准轴外圆与偏心轴外圆之间的最小距离。

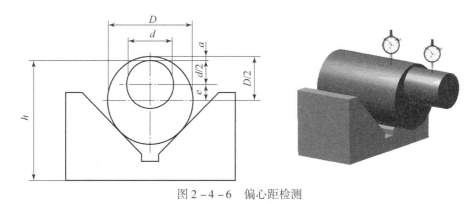

图 2 - 4 - 6　偏心距检测

任务 5　使用内径百分表检测内径误差

【任务目标】

知识目标：（1）了解内径百分表的结构、工作原理。

　　　　　（2）掌握内径百分表的读数和使用方法。

技能目标：（1）能根据被测零件尺寸的技术要求，合理选用测量器具。

　　　　　（2）学会正确、规范使用内径百分表检测轴套内径误差，并对零件的合格性进行判断。

【任务分析】

图 2 - 5 - 1 所示的轴套，是机械加工中常见的一种零件，该零件为数控车高级工鉴定题库中典型的套类零件，应用比较广泛；主要用于支撑旋转轴的各种形式的滑动轴承、钻床夹具上引导孔、加工刀具的导向套等。根据图纸的技术要求分析，该套类零件中对孔内径要求较高，主要有 $\phi 32^{+0.034}_{+0.009}$、$\phi 32^{+0.042}_{+0.009}$、$\phi 28$。本任务主要是通过学习内径百分表检测轴套内径误差及合格性判断。

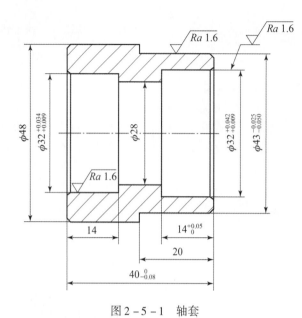

图 2 - 5 - 1 轴套

2 - 5 - 1 内径百分表

【知识准备】

一、内径百分表

（一）内径百分表的结构

内径百分表是一种用相对测量法测量或检验零件内孔，特别是深孔孔径的量仪，主要由杠杆式测量架和百分表组成，如图 2 - 5 - 2 所示。内径百分表按其测量头形式可分为带定位护桥和不带定位护桥两类，其中不带定位护桥又可以分为涨簧式和钢球式两种。其测量

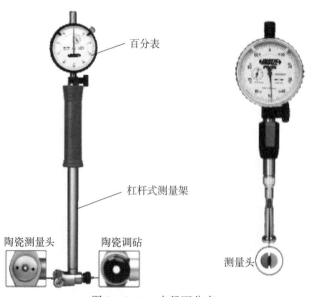

图 2 - 5 - 2 内径百分表

范围有 6 ~ 10 mm、10 ~ 18 mm、18 ~ 35 mm、35 ~ 50 mm、50 ~ 100 mm、100 ~ 160 mm、160 ~ 250 mm、250 ~ 450 mm 等，各种规格的内径百分表均附有成套的可换测量头，可按测量尺寸自行选择。

内径百分表的结构如图 2 – 5 – 3 所示，百分表的测量杆与传动杆始终接触，弹簧控制测量力，经过传动杆、杠杆向外顶住活动测量头。测量时，活动测量头的移动使杠杆摆动，通过传动杆推动百分表的测量杆，使百分表指针回转。由于杠杆是等臂的，百分表测量杆、传动杆及活动测量头三者的移动量是相同的，所以，活动测量头的移动量可以在百分表上读出来。

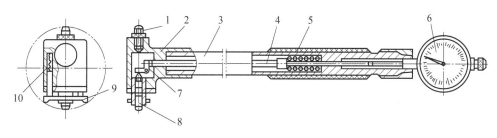

图 2 – 5 – 3　内径百分表的结构

1—可换测量头；2—表架头；3—表架套杆；4—传动杆；5—测力弹簧；
6—百分表；7—杠杆；8—活动测量头；9—定位装置；10—定位弹簧

定位装置起找正直径位置的作用。活动测量头和可换测量头同轴，其轴线位于定位装置的中心对称平面上，由于定位弹簧的推力作用，使孔的直径处于定位装置的中心对称平面上，因而保证了可换测量头与活动测量头的轴线与被测孔的直径重合。

（二）刻线原理和读数方法

内径百分表是利用活动测量头移动的距离与百分表的示值相等的原理来读数的。活动测量头的移动量通过百分表内部齿轮传动机构转变为指针的偏转量显示在表盘上。当活动测量头移动 1 mm 时，百分表指针旋转一周。由于百分表表盘上共有 100 格，每格为 0.01 mm，所以内径百分表的分度值为 0.01 mm。

读数时先读短指针与起始位置的整数值，再读长指针在表盘上所示的小数部分，两个数值相加就是被测内孔尺寸。

二、内径百分表的使用方法

（一）内径百分表的安装

如图 2 – 5 – 4 所示，将百分表装入测量杆内，预压 1 mm 左右，使小指针在 0 ~ 1 的位置上，旋紧锁紧装置；使长指针和连杆轴线重合，刻度盘的字应垂直向下，以便于测量和观察。根据被测零件的公称尺寸选择适当的可换测量头装入测量杆的头部，并用专用扳手锁紧锁紧装置。此时可换测量头与活动测量头之间的长度大于被测零件尺寸 0.8 ~ 1 mm，以保证测量头有足够的运动空间。

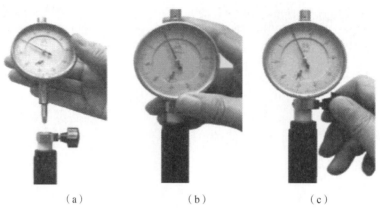

（a） （b） （c）

图 2 – 5 – 4　百分表的安装

（a）装表；（b）预压；（c）锁紧

（二）校对零位

内径百分表是采用相对法进行测量的器具，因此在使用前必须用其他量具根据被测零件的公称尺寸对内径百分表的零位进行校对。校对零位的常用方法有以下三种。

1. 用量块校对零位

如图 2 – 5 – 5 所示，根据被测零件的公称尺寸组合量块并装夹在量块附件中，将内径百分表的两个测量头放在量块附件的两个量块之间，摆动测量杆使百分表读数最小，此时可转动百分表让百分表的表针与刻度盘的零刻度线对齐。

2. 用标准环规校对零位

如图 2 – 5 – 6 所示，根据被测零件的公称尺寸选择尺寸相同的标准环规，按标准环规的实际（组成）要素校对内径百分表的零位。

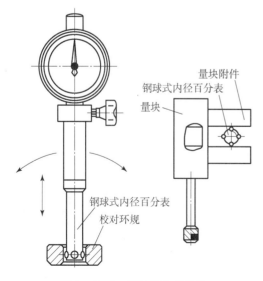

图 2 – 5 – 5　用量块校对零位

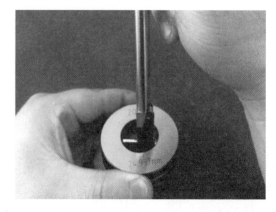

图 2 – 5 – 6　用标准环规校对零位

3. 用外径千分尺校对零位

如图 2 - 5 - 7 所示，根据被测零件的公称尺寸选择与之适应测量范围的外径千分尺，将外径千分尺调至被测零件公称尺寸，把内径百分表的两个测量头放在外径千分尺的两个测砧之间进行校对零位。

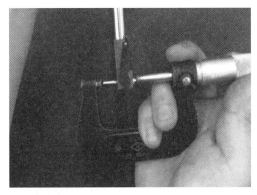

图 2 - 5 - 7　用外径千分尺校对零位

【任务实施】

2 - 5 - 2　内径检测

一、测量内容、步骤和要求

（1）练习内径百分表的安装及使用方法。
（2）分析图 2 - 5 - 1 中零件的相关尺寸。
（3）掌握利用内径百分表检测轴套内径的方法、步骤。
（4）处理测量数据以及评定各尺寸的合格性。
（5）填写测量报告并做好 5S 管理规范。

二、测量过程及测量报告（表 2 - 5 - 1）

表 2 - 5 - 1　测量过程及测量报告

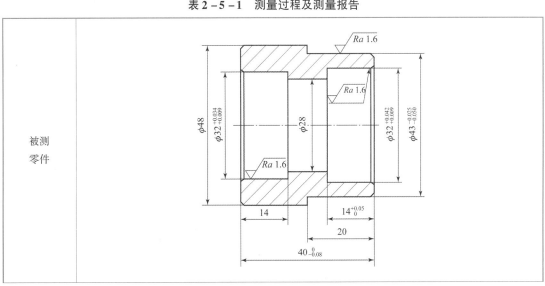

测量项目分析	$\phi32^{+0.034}_{+0.009}$、$\phi32^{+0.042}_{+0.009}$、$\phi28$		
测量器具	量具名称	分度值	测量范围
	内径百分表	0.01 mm	0 ~ 10 mm
测量过程	检测说明	检测示范	
1. 检查内径百分表	利用无纺布擦拭被测零件、内径百分表		
2. 安装百分表	将百分表安装到表架上，将百分表测量杆压下，使指针转 1 ~ 2 圈，这时百分表的测量杆与传动杆接触，经杠杆向外顶压活动测量头		
3. 安装测量头	根据被测孔径的大小，选择合适的可换固定测量头并把它安装到表架上		

测量过程	检测说明	检测示范
4. 调零	按照被测内孔的公称尺寸调节外径千分尺至同一尺寸,将测量头放在两个测砧之间进行零位调整	
5. 内径检测	先将内径百分表活动测量头压入零件,再将固定测量头放入,微微摆动百分表,观察百分表指针的摆动情况,指针顺时针回转的转折点处示值为测量的最小值,其读数为孔径的实际偏差。由于考虑到被测零件有形状误差存在,所以选择三个截面进行测量	

被测值		测量值/mm			平均值	合格性判断
		测值1	测值2	测值3		
$\phi 32^{+0.034}_{+0.009}$	上极限偏差					
	下极限偏差					
$\phi 32^{+0.042}_{+0.009}$	上极限偏差					
	下极限偏差					
$\phi 28$	上极限偏差					
	下极限偏差					

【任务总结】

(1) 利用量块进行校零能保证零位的准确度及百分表的测量精度,但是操作麻烦,且对量块使用的环境要求较高。

(2) 利用环规进行校对零位,操作简单,但是需要制造专用的标准环规,只适合检测生产批量较大的零件。

（3）利用外径千分尺校对零位，会受到千分尺的精度影响，零位的准确度和稳定性不高，从而降低了内径百分表的测量精度。

（4）测量时不能用力过大或过快地按压活动测量头，不能让表头产生振动，以防止标准尺寸变动，导致测量结果严重失真。

【知识拓展】

零件尺寸的测量器具一般可分为两大类：一类是通用测量器具，具有刻度；另一类是没有刻度的专用定值检验量具，不能直接测出零件的实际（组成）要素，只能确定零件是否在允许的极限尺寸范围内，从而判断零件是否合格，这种检验零件的量具称为光滑极限量规。

量规分为塞规和卡规两种，两者都是成对使用的，一端为通规，代号"T"，一端为止规，代号"Z"。

1. 塞规

塞规为检验孔的量规，其通规的尺寸按照被测孔的下极限尺寸制作，其止规的尺寸按照被测孔的上极限尺寸制作。如果通规能过，止规不能过，则可以判定该孔符合技术要求，如图 2 - 5 - 8 所示。

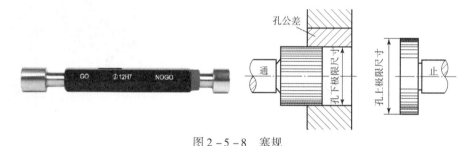

图 2 - 5 - 8　塞规

2. 卡规

卡规为检验轴的量规，如图 2 - 5 - 9 所示。其通规的尺寸按照被测轴的上极限尺寸制作，其止规的尺寸按照被测轴的下极限尺寸制作。使用时，通规能顺利地滑过轴径，表示被测轴径比上极限尺寸小；止规滑不过去，表示轴径比下极限尺寸大。把"通规"和"止规"联合起来使用，就能判断被测轴径是否在规定的极限尺寸范围内。

 项目评价

学生应掌握极限配合的基础知识；能够对项目进行分析，针对五个任务选择合适的测量量具，设计一个能满足检测精度要求且具有低成本、高效率的检测方案，进行检测并进行合格性的判断。通过过程性考核，采取自评、组评、他评的形式对学生完成任务的情况给予综合评价，见表 2 - 1。

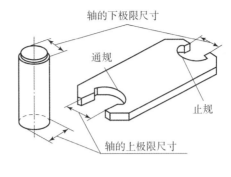

图 2 - 5 - 9 卡规

表 2 - 1 项目评价表

姓名		学号		组别		
评价项目	测量评价内容		分值	自评	组评	他评	得分
知识目标	尺寸、偏差、公差等极限配合基本概念		5				
	工量具的结构原理、结构及使用方法		6				
技能目标 任务 1	游标卡尺的读数方法		5				
	检测过程及数据处理		8				
技能目标 任务 2	千分尺的读数方法		5				
	检测过程及数据处理		8				
技能目标 任务 3	塞尺的使用方法		5				
	检测过程及数据处理		8				
技能目标 任务 4	百分表的读数方法		5				
	检测过程及数据处理		8				
技能目标 任务 5	内径百分表的读数方法		5				
	检测过程及数据处理		8				
情感目标	出勤、纪律		6				
	团队协作		6				
	5S 规范		6				
	安全生产		6				

项目评价总结

指导教师： 综合评价等级：

评估等级：A（分值≥90）、B（分值≥80）、C（分值≥60）、D（分值＜60）

思考与练习

1. 简述孔和轴的基本概念。

2. 什么叫尺寸？什么叫极限尺寸？

3. 公称尺寸与实际尺寸的区别是什么？

4. 什么叫尺寸偏差？什么叫极限偏差？什么叫实际偏差？

5. 游标的刻线原理是什么？其由哪几部分组成？

6. 游标卡尺的读数方法是什么？

7. 游标卡尺使用的注意事项有哪些？

8. 利用游标卡尺检测零件尺寸时，目光对刻度的视角对测量精度有什么影响？

9. 如何对游标卡尺进行校验零位？

10. 简述公差带基本概念。简述公差带图的画法。

11. 标准公差等级代号有哪些？选用原则是什么？

12. 写出 $\phi60k7$、$\phi50G7$ 的公差代号的意义是什么？

13. 通过查表确定下列各尺寸的标准公差和基本偏差，并计算另一极限偏差。

    （1）$\phi51f7$

    （2）$\phi6H7$

14. 外径千分尺的刻线原理及结构有哪些？

15. 简述千分尺的读数方法。

16. 外径千分尺的测量范围有哪些？对于不同的测量范围如何进行校验零位？

17. 简述单手测量和双手测量的不同。

18. 利用外径千分尺检测轴径尺寸之前，为何要用游标卡尺进行预测量？

19. 检测过程中，为了避免旋转微分筒冲击力对测量精度的影响，一般的操作方法是什么？

20. 公差等级选择的基本原则是什么？

21. 什么叫配合？配合的种类有哪些？

22. 什么叫配合制？配合制的分类有哪些？

23. $\phi50\dfrac{H8}{f7}$ 配合代号的意义什么？

24. 基准制选择的原则是什么？

25. 塞尺的使用方法是什么？

26. 塞尺如何进行维护和保养？

27. 百分表的结构及刻线原理是什么？

28. 百分表在使用过程中为何要对其有一定的预压缩量？

29. 在测量时百分表的测量杆为何要垂直被测零件的表面？

30. 测量平面和测量圆柱面，对于百分表来说，在测量要求上有什么不同？
31. 简述内径百分表的结构。
32. 简述内径百分表的刻线原理。
33. 如何对内径百分表进行校对零位？
34. 极限量规的种类有哪些？各有什么作用？

项目三 角度公差及检测

项目需求

角度是重要的几何量之一，一个圆周定义为360°，角度不需要像长度一样建立自然基准，但在计量部门，为了方便，仍采用多面棱体（棱形块）作为角度量值的基准。机械制造中的角度标准一般是角度量块、测角仪或分度头等。

圆锥配合是机械结构中常用的典型配合，圆锥配合与圆柱配合相比较有更多的优势，但是圆锥配合在结构上较复杂，影响其互换性的参数较多，加工和检测也较困难。为了满足圆锥配合的使用要求，保证圆锥配合的互换性，工作中主要依据圆锥公差国家标准《锥度与锥角系列》GB/T 157—2001。

本项目主要是通过2个任务介绍角度误差的基本知识，掌握角度样块和锥套角度的检测方法，同时对零件的合格性进行判断。通过学习相关知识和技能训练，学生能够了解万能角度尺和正弦规的结构原理，掌握测量的方法和步骤。

项目工作场景

1. 图纸准备，零件检测评价表
2. 工量刃具及其他准备

平台、万能角度尺、正弦规、Morse No. 3 圆锥量规、量块、千分表、磁性表座及无纺布、防锈剂等。

3. 实训准备

（1）工量具准备：领用量具，将工量具摆放整齐；实训结束后按工量具清单清点工量具，交指导教师验收。

（2）熟悉实训要求：复习有关理论知识，详细阅读指导书，对实训要求的重点及难点内容在实训过程中认真掌握。

方案设计

学生按照项目的技术要求，认真审阅各任务中被测零件的测量要素及有关技术资料，明确检测项目。按照项目需求和项目工作场景的设置，以及检测项目的具体要求和结构特点选择合适的量具和测量方法。检测方案设定为采用万能角度尺检测角度样块的角度、正弦规检测锥套锥度。根据测量方案做好测量过程的数据记录，完成数据分析以及合格性判断，并对产生误差的原因进行分析和归纳。

 相关知识和技能

　　知识点：（1）理解角度误差概念。
　　　　　　（2）熟悉常用测量工具（万能角度尺、正弦规、量块、圆锥量规、千分尺等）的结构及工作原理，了解其适应范围，掌握其使用方法与测量步骤。
　　技能点：（1）学会正确、规范使用万能角度尺检测零件角度。
　　　　　　（2）学会正确、规范使用正弦规检测锥套锥度。

任务1 使用万能角度尺检测角度误差

【任务目标】

　　知识目标：（1）了解角度误差等基本概念。
　　　　　　　（2）掌握万能角度尺的结构及刻线原理。
　　　　　　　（3）掌握万能角度尺读数方法和使用方法。
　　技能目标：（1）能根据被测零件尺寸的技术要求，选择合适量程的万能角度尺。
　　　　　　　（2）学会正确、规范使用万能角度尺对零件的外角、内角等尺寸进行测量，并对零件的合格性进行判断。

【任务分析】

　　图3-1-1所示角度样块为钳工初级典型的零件。根据对图纸的技术要求分析：45°±4′、90°±5′、135°±5′、135°±4′等是钳加工零件的相关尺寸，根据角度的大小及零件的形状，可选择合适的量具正确规范地测量相关尺寸，并判断零件的合格性。

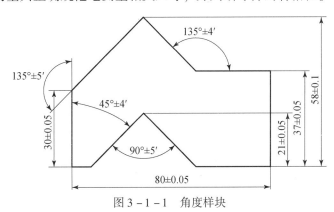

图3-1-1 角度样块

【知识准备】

一、角度误差的概念

机械零件中的角度尺寸多为圆锥或棱体所形成。角度尺寸的概念与线性尺寸相似，也有基本角度（α）、实际角度（α_a）、最大极限角度 α_{max} 和最小极限角度 α_{min} 等术语。

角度公差 AT 是实际角度的允许变动量。角度公差等于最大的极限角度 α_{max} 和最小的极限角度 α_{min} 之差，即

$$AT_\alpha = \alpha_{max} - \alpha_{min}$$

二、角度尺寸公差

角度公差可以用角度单位表示，也可以用长度单位表示。当以微弧度（μrad）或度、分、秒等角度单位表示时，角度尺寸公差代号为 AT_a；当以微米等长度单位表示时，角度公差的代号为 AT_D。AT_a 与 AT_D 的换算关系为：

$$AT_D = AT_a \times L \times 10^{-3}$$

式中，AT_D 的单位为 μm，AT_a 的单位为 mm，L 的单位为 mm。角度公差带可以对零线按单向或双向配置。单向配置时，一个极限偏差为零，另一个极限偏差为正或负角度公差；双向配置时，可以是对称的公差带，极限偏差为 ± AT_a/2 或 AT_D/2，也可以是不对称的。

如同线性尺寸一样，角度尺寸也有一般公差（未注公差）。角度尺寸一般公差适用于图样里标出角度数值的角度和通常不需要标出角度数值的角度，如 90°。如果某要素的功能要求允许采用比一般公差更大的公差，则应该在相应的角度尺寸旁直接标注其角度极限偏差。角度尺寸一般公差的极限偏差数值按角度短边长度确定，其公差等级分为中等级（m）、粗糙级（c）和最粗级（V）三级。当图样上的角度为未注公差角度时，其相应公差值按表 3 - 1 - 1 未注公差角度的极限偏差来控制。角度尺寸的一般公差的公差级应在图样或技术文件上用标准号和公差等级符号表示。

表 3 - 1 - 1　未注公差角度的极限偏差（摘自 GB/T 1804—2000）

公差等级	长度分段/mm				
	~10	>10~50	>50~120	>120~400	>400
m（中等级）	±1°	±30′	±20′	±10′	±5′
c（粗糙级）	±1°30′	±1°	±30′	±15′	±10′
V（最粗级）	±3°	±2°	±1°	±30′	±20′

三、万能角度尺的相关知识

万能角度尺又称游标量角器，主要用于测量精密零件内、外角度或进行角度划线。角度值可以从万能角度尺上直接读出（属于直接测量法）。

（一）万能角度尺的结构

如图 3 - 1 - 2 所示，万能角度尺有 I 型和 II 型两种结构形式。按游标的测量精度分为 2′ 和 5′ 两种，其中常用的是测量精度为 2′ 的万能角度尺。通过不同的组合方式，其测量范围一般为 0°～320°，其结构主要由主尺、基尺、游标、直角尺、直尺、卡块、制动器、扇形板等组成，如图 3 - 1 - 2 所示。

3 - 1 - 1　万能角度尺的原理及结构

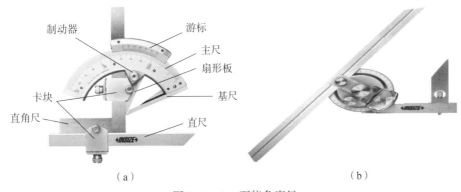

图 3 - 1 - 2　万能角度尺

（a）I 型；（b）II 型

（二）万能角度尺的刻线原理

以测量精度为 2′ 的万能角度尺为例，主尺刻线每格 1°，游标的刻线 30 格为 29°，游标刻线每格为 (29/30)° = 58′ 即主尺 1 格与游标 1 格的差值为 2′，因此，万能角度尺的分度值为 2′，如图 3 - 1 - 3 所示。

（三）万能角度尺的读数方法

如图 3 - 1 - 4 所示，万能角度尺读数可分为读整度数、读分度数和求和三步。

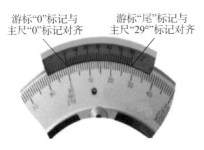

图 3 - 1 - 3　刻线原理

图 3 - 1 - 4　角度尺读数

（1）先读"度"的数值：看游标零线左边主尺上最靠近一条刻线的数值，读出被测角"度"的整数部分：16°。

（2）再从游标尺上读出"分"的数值：看游标上哪条刻线与主尺相应刻线对齐，可以从游标尺上直接读出被测角"度"的小数部分即"分"的数值：12′。

（3）被测角度等于上述两次读数之和：16°＋12′＝16°12′。

（四）万能角度尺的测量范围

用万能角度尺测量零件时，要根据所测角度适当组合基尺、角尺、直尺，方可测量0°～320°范围内的任意角。有以下四种组合方式：

（1）图3-1-5（a）所示组合状态，可测量0°～50°的角度，被测零件放在基尺和直尺的测量面之间进行测量。此时按尺身上第一排的刻度数值读数。

（2）图3-1-5（b）所示组合状态，可测量50°～140°的角度。利用基尺和直尺的测量面进行测量。此时按尺身上第二排的刻度数值读数。

（3）图3-1-5（c）所示组合状态，可测量140°～230°的角度。利用角尺的短边和基尺的测量面进行测量。此时按尺身上的第三排刻度数值读数。

（4）图3-1-5（d）所示组合状态，可测量230°～320°的角度。直接用基尺和扇形板的测量面对被测零件进行测量。此时按尺身上的第四排刻度数值读数。

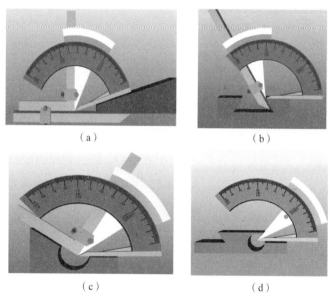

（a）　　　　　　　　　　　　　（b）

（c）　　　　　　　　　　　　　（d）

图3-1-5　万能角度尺的测量范围

（a）0°～50°；（b）50°～140°；（c）140°～230°；（d）230°～320°

【任务实施】

一、测量内容、步骤和要求

（1）练习万能角度尺的读数方法。

（2）分析图3-1-1中零件的相关尺寸。

（3）掌握利用万能角度尺检测相关尺寸的方法、步骤。

（4）处理测量数据以及评定各尺寸的合格性。

（5）填写测量报告并做好5S管理规范。

3-1-2　万能角度尺
检测样块角度

二、测量过程及测量报告（表 3 - 1 - 2）

表 3 - 1 - 2　测量过程及测量报告

被测 零件	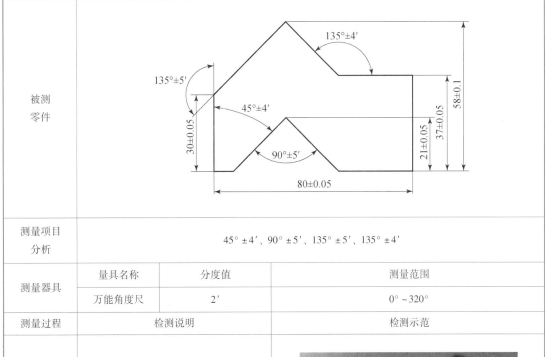
测量项目 分析	45°±4′、90°±5′、135°±5′、135°±4′

测量器具	量具名称	分度值	测量范围
	万能角度尺	2′	0°～320°

测量过程	检测说明	检测示范
1. 检查万能 角度尺	检查万能角度尺外观，校对"0"位。若"0"位不准确，可进行调整。调整时，将游标背面的螺钉松开，移动游标，使它的零线与主尺的零线重合，它的尾线与主尺相应刻度线重合，紧固螺钉，再校对"0"位	 

续表

测量过程	检测说明	检测示范
2. 清洁零件	检查角度样块是否清洁，去除零件上的毛刺，用干净棉布擦净。如果有锈渍，可以使用防锈剂喷过后再擦净	
3. 45°±4′	测量0°~50°的小角度时，参照图3-1-5（a），将被测零件放在基尺和直尺的测量面之间，贴紧，面向光亮处，作透光检查，调整至零件与量具接触部分没有光隙或只有均匀光隙时读数	
4. 135°±5′	测量50°~140°的角度时，参照图3-1-5（b），卸下角尺，保证在基尺和直尺的测量面之间，调整好读数。注意测量时分为90°内角、90°外角	

续表

测量过程	检测说明	检测示范
5. 135° ±4′（内角）	测量 140° ~ 230° 的角度时，参照图 3 - 1 - 5（c），利用角尺的短边和基尺的测量面进行测量，调整好后读数	
6. 90° ±5′（内角）	测量 230° ~ 320° 的角度时，参照图 3 - 1 - 5（d），卸下角尺、直尺，直接用基尺和扇形板的测量面对被测零件进行测量，调整好后读数	

被测值		测量值/mm			平均值	合格性判断
		测值 1	测值 2	测值 3		
45° ±4′	上极限偏差					
	下极限偏差					
135° ±5′	上极限偏差					
	下极限偏差					
135° ±4′	上极限偏差					
	下极限偏差					
90° ±5′	上极限偏差					
	下极限偏差					

【任务总结】

（1）使用前检查万能角度尺的外观、"0"位及各部分的相互连接情况。外观刻度要清晰，连接可靠，相互移动灵活平稳，"0"位准确。

（2）先将制动器松开，然后旋动尺背面的旋转螺母，使游标的零线与主尺的零线对准，以及游标尾端的刻线与主尺相应刻线重合，然后紧固制动器，再对零位。

（3）游标万能角度尺不能测量运动的零件，不能与零件、刀具、量具等堆放在一起。

（4）游标万能角度尺不能放置在机床主轴箱及机床导轨上，更不能放置在强磁场附近。

（5）测量完毕，松开各紧固件，取下直尺、角尺和卡块等，然后擦净，上防锈油，装入专用盒内。

【知识拓展】

（一）其他万能角度尺

1. Ⅱ型游标万能角度尺

Ⅱ型游标万能角度尺可用于测量0°～360°的任何角度，分度值为5′，如图3-1-6所示。

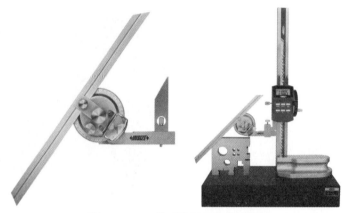

图3-1-6　Ⅱ型游标万能角度尺

2. 数显万能角度尺

数显万能角度尺（图3-1-7）具有可移动直尺的方向选择转换功能，可用1×360°、2×180°和4×90°（四象限）三种模式测量。

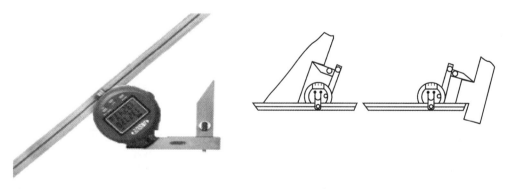

图3-1-7　数显万能角度尺及测量方法

（二）角度量块

角度量块主要用于检测角度尺、锥度尺、分度盘、分度头以及测角仪等，也可用于设定角度，主要是由特种钢制成，稳定性好、耐磨损、研合性好。研合可组成 0°~360° 内间隔为 6″ 的任意角度（如 6″、12″、18″ 等），精度为 ±2″。如图 3-1-8 所示为角度量块的应用。

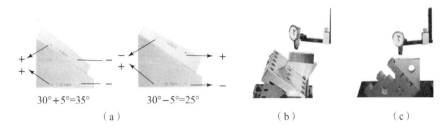

图 3-1-8 角度量块的应用
（a）研合；（b）设定工作台；（c）检测角度

任务2 使用正弦规检测角度误差

【任务目标】

知识目标：（1）了解锥度的基本概念。
　　　　　（2）掌握正弦规的结构及工作原理。
　　　　　（3）掌握正弦规读数方法和使用方法。
技能目标：（1）能根据被测零件尺寸的技术要求，选择合适的正弦规。
　　　　　（2）学会正确、规范使用正弦规对锥套的锥度进行测量，并对零件的合格性进行判断。

【任务分析】

图 3-2-1 所示零件为车加工常用的锥度练习零件图——锥套，锥套是一种机械传动的连接零件，具有标准化程度高、结构紧凑、安装比较方便等特点。锥套有两个重要尺寸：一个是外面的圆锥台的锥度，另一个是锥孔的锥度。这里以锥体为例介绍外锥度的测量。根据对图纸的技术要求分析：根据锥度 1:5 的技术要求，选择合适的正弦规正确规范地测量相关尺寸，并判断零件的合格性。

因此，本次任务是通过学习正弦规的使用方法，掌握锥度的测量方法并能进行合格性判断。

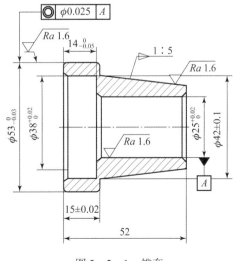

图 3-2-1 锥套

【知识准备】

一、锥度的基本概念

锥度是指两个垂直于圆锥轴线的截面上的圆锥直径之差与这两个截面的轴向距离之比。通常，圆锥角的大小用锥度表示，在图样上通常以 $1:n$ 的形式标注，并在前面加上锥度符号。如果是圆锥台，则为上、下底圆直径之差与圆锥台高度之比，如图 3-2-2（a）所示，锥度 $C = 2\tan\dfrac{\alpha}{2} = \dfrac{D}{L} = \dfrac{D-d}{l}$。

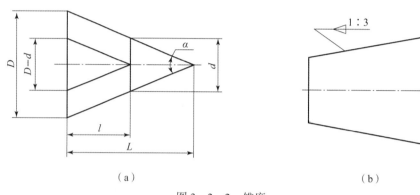

（a）　　　　　　　　　　　　　　　（b）

图 3-2-2　锥度

在零件图样上，锥度用特定的图形符号和比例（或分数）来标注，如图 3-2-2（b）所示。图形符号配置在平行于圆锥轴线的基准线上，并且其方向与圆锥方向一致，在基准线的上面标注锥度的数值。用指引线将基准线与圆锥素线相连。注意：在图样上标注了锥度，就不必再标注圆锥角，不应重复标注。

二、量块

量块又称为块规，是一种没有刻度的端面量具。它用特殊合金钢（一般为 CrWMn 钢）制成，具有线膨胀系数小、不易变形、硬度高、耐磨性好等特点。量块除可作为长度基准外，还可用来检定和校准计量器具、调整精密机床、进行精密划线和精密测量等。

（一）量块的结构

如图 3-2-3 所示，量块是用耐磨性好、硬度高而不易变形的特殊钢（如锰钢）制成的长方形六面体，常见的有陶瓷量块和硬质合金量块。它有上、下两个工作面和四个非工作面。两个工作面是经过精密研磨和抛光加工的一对相互平行而且平面度误差极小的平面，又叫测量面。

量块的测量面非常平整和光洁，用少许压力推合量块，使它们的测量面紧密接触，量块就能黏合在一起。量块的这种特性称为研合性。利用量块的研合性，就可用不同尺寸的量块组合成所需的各种尺寸。量块的矩形截面尺寸是：对于公称尺寸 0.5~10 mm 的量块，其截面尺寸为 30 mm×9 mm；对于公称尺寸 10~100 mm 的量块，其截面尺寸为 35 mm×9 mm，如图 3-2-4 所示。

（a） （b）

图 3 – 2 – 3 量块

（a）陶瓷；（b）硬质合金

（二）量块的精度

为了满足不同的使用场合，国家标准对量块的精度规定了若干等级。

量块的制造精度分 0、1、2、3、K 级。其中，0 级精度最高，3 级精度最低，K 级为校准级。量块的检定精度分 1 ~ 5 等。其中，1 等精度最高，5 等精度最低。

量块按"级"使用时，以量块标称长度 ln 作为工作尺寸。该尺寸包含量块的制造误差。

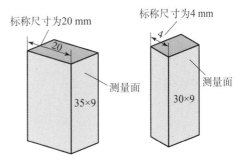

图 3 – 2 – 4 量块尺寸

量块按"等"使用时，以检定后得到的实测中心长度作为工作尺寸。该尺寸不包含制造误差，只包含检定时的较小测量误差。

（三）量块的尺寸组合及使用方法

在实际中，量块是成套生产的。GB/T 6093—2001 规定，我国成套生产的量块有 91 块、83 块、46 块、38 块等 17 种规格，常用的有 46 块一套和 83 块一套等几种，这里只介绍 46 块和 83 块的，见表 3 – 2 – 1。

表 3 – 2 – 1 成套量块的尺寸（摘自 GB/T 6093—2001）

套别	总块数	级别	尺寸系列/mm	间隔/mm	块数
1	83	0，1，2	0. 5	—	1
			1	—	1
			1. 005	—	1
			1. 01，1. 02，…，1. 49	0. 01	49
			1. 5，1. 6，1. 7，1. 8，1. 9	0. 1	5
			2. 0，2. 5，…，9. 5	0. 5	16
			10，20，…，100	10	10

续表

套别	总块数	级别	尺寸系列/mm	间隔/mm	块数
2	46	0、1、2	1	—	1
			1.001，1.002，…，1.009	0.001	9
			1.01，1.02，…，1.09	0.01	9
			1.1，1.2，…，1.9	0.1	9
			2，3，4，…，9	1	8
			10，20，…，100	10	10

使用量块时，应合理选择若干量块组成所需的尺寸。为减少量块的累积误差，应尽量减少量块的使用块数，通常不超过 4～5 块。选取量块时，应从所需组合尺寸的最后位数字开始，每选一块，至少应减去所需尺寸的一位尾数。如选用 48.245 mm 的尺寸：

```
  48.245    组合尺寸              48.245    组合尺寸
-  1.005    第一块尺寸          -  1.005    第一块尺寸
  47.24                          47.24
-  1.24     第二块尺寸          -  1.04     第二块尺寸
  46                             46.2
-  6.0      第三块尺寸          -  1.2      第三块尺寸
  40        第四块尺寸            45
                               -  5        第四块尺寸
                                  40        第五块尺寸

  83 块/套                       46 块/套
```

从 83 块/套中选用 1.005、1.24、6.0、40 四块量块进行组合；而从 46 块/套中选用 1.005、1.04、1.2、5、40 五块量块进行组合。

（四）量块使用的注意事项

量块是很精密的量具，使用时必须注意以下几点：

（1）使用前，先在汽油中洗去防锈油，再用清洁的麂皮或软绸擦干净；不要用棉纱头擦拭量块的工作面，以免将其损伤。

（2）清洗后的量块，不应直接徒手触摸，应当以软绸垫在手中拿取量块。如果必须徒手拿量块，则应当把手洗干净，并且不要触碰量块的工作面。

（3）把量块放在工作台上时，应使量块的非工作面与台面接触。不要把量块放在蓝图上，因为蓝图表面有残留化学物，会使量块生锈。

（4）不要使量块的工作面与非工作面进行推合，以免擦伤工作面。

（5）使用完量块后，应及时在汽油中将其清洗干净；用软绸擦干后，涂上防锈油，放在专用的盒子里。如果需要经常使用，那么可在洗净后不涂防锈油，放在干燥缸内保存。绝对不允许将量块长时间黏合在一起，以免由于金属黏结而引起不必要的损伤。

三、正弦规的相关知识

（一）正弦规的结构

正弦规又称正弦尺，它是根据正弦函数原理，利用量块来组合尺寸，以间接方法来精密测量内、外锥体角度的量具。

正弦规有多种结构形式，按工作面的宽窄不同，正弦规可分为窄型和宽型两种形式，如图 3 – 2 – 5 所示。它主要由一钢制长方体和固定在其两端的两个直径相同的钢圆柱体组成，四周可以装有挡板（只装互相垂直的两块，作为测量时放置零件的定位板），其中两个精密圆柱的中心距 L 要求很精确。中心距常有 100 mm 和 200 mm 两种，中心连线要与长方形平面严格平行。

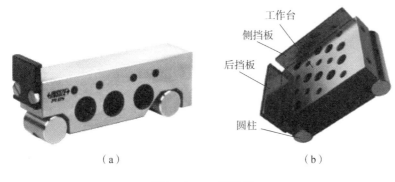

（a）　　　　　　　　　　　　（b）

图 3 – 2 – 5　正弦规
（a）窄型正弦规；（b）宽型正弦规

正弦规的规格如表 3 – 2 – 2 所示。正弦规的两个精密圆柱的中心距的精度很高，中心距为 200 mm 的窄型正弦规，误差不大于 0.003 mm，中心距为 200 mm 的宽型正弦规，误差不大于 0.005 mm。利用正弦规测量角度和锥度时，测量精度可达 ±（1″~3″），适宜测量小于 40°的角度。

表 3 – 2 – 2　正弦规的规格　　　　　　　　　　　　　　mm

两圆柱中心距	圆柱直径	工作台宽度	
		窄型	宽型
100	20	25	80
200	30	40	80

（二）正弦规的使用

1. 正弦规的使用方法

（1）测量时，用真丝面料擦净正弦规，轻轻安放在精密平板上，再将零件轻轻放置在正弦规上。

（2）将其中一个精密圆柱与平板接触，另一精密圆柱用量块组（根据被测角度，量块高度为h）垫高至零件表面的上母线与平板平行为止，如图3-2-6所示。

（3）用百分表或杠杆式千分表等量仪沿锥体上母线移动，先检验零件外圆锥体的大端 a 点高度，再检验零件外圆锥体的小端 b 点高度。

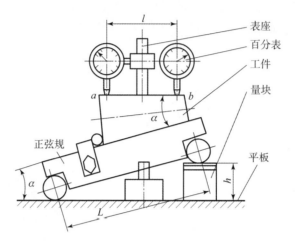

图3-2-6 正弦规测量角度的原理和方法

★注意：a、b 两处读数不同，说明锥体的锥度有误差。若没有，则表示锥体的锥角 α 正好等于正弦规与平板之间的夹角。

2. 被测零件的圆锥角、锥度误差 ΔC 和圆锥角误差 $\Delta\alpha$ 的计算

1）被测零件的圆锥角 α 的计算

$$\sin\alpha = h/L$$

式中　α——被测零件的圆锥角（°）；

　　　L——正弦规的中心距（mm）；

　　　h——所垫量块组的高度（mm）。

2）锥度误差 ΔC 的计算

$$\Delta C = \Delta h/l$$

式中　Δh——a、b 两端读数之差；

　　　l——a、b 两端的距离；

　　　ΔC 的单位为 rad[$1\ \text{rad} = 57.3° \times 60 \times 60 = 2 \times 10^5$ (″)]。

3）圆锥角误差 $\Delta\alpha$ 的计算

$$\Delta\alpha = \Delta C \times 1\ \text{rad}\ (2 \times 10^5) \qquad [\Delta\alpha\ \text{的单位为}\ (″)]$$

【任务实施】

一、测量内容、步骤和要求

（1）练习量块的组合方法。

（2）分析图3-2-1中零件的相关尺寸。

（3）掌握利用正弦规测量相关尺寸的方法、步骤。

（4）处理测量数据以及评定各尺寸的合格性。

（5）填写测量报告并做好5S管理规范。

二、测量过程及测量报告（表3-2-3）

表3-2-3　测量过程及测量报告

被测零件	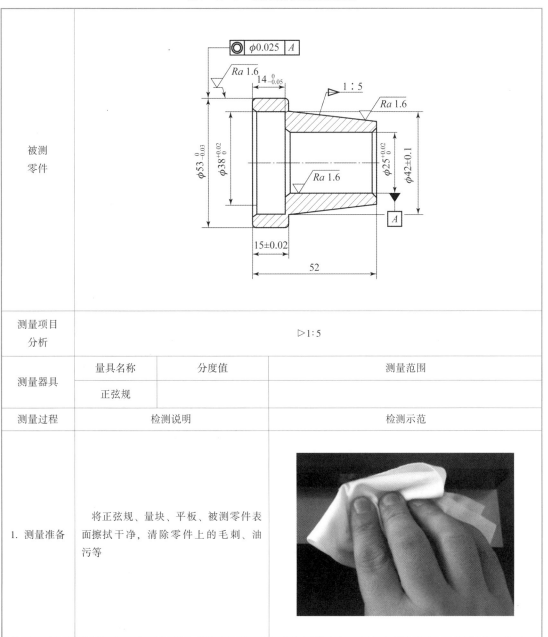	
测量项目分析	▷1:5	
测量器具	量具名称	分度值	测量范围
	正弦规		
测量过程	检测说明	检测示范
1. 测量准备	将正弦规、量块、平板、被测零件表面擦拭干净，清除零件上的毛刺、油污等	

测量过程	检测说明	检测示范
2. 选用合适的量块	根据被测零件的锥角 α，按公式 $h = L\sin\alpha$ 计算垫块的高度，选择合适的量块组合作为垫块。将组合好的量块按图所示放在正弦规一端的圆柱下面，然后将被测锥套稳放在正弦规的工作台上	
3. 调整百分表	调整磁性表架，装入百分表，将表头调整到相应高度，压缩百分表表头 $0.2 \sim 0.5$ mm，紧固磁性表架各部分螺钉	
4. 测量锥度	将百分表装在磁性表座上，测量 a、b 两点（其距离尽量远些，不小于 2 mm）。测量时，应找到被测圆锥素线的最高点，记录下数据	

续表

测量过程	检测说明	检测示范
5. 转过一定的角度再测三次	按上述步骤，将被测锥套转过一定的角度，在 a、b 两点分别测量三次，取平均值，求出 a、b 两点的高度差 Δh。然后测量 a、b 两点的距离 l，做好记录	
6. 计算锥角误差	计算锥角误差（注意正负号） $\Delta C = \Delta h/l$。将测量结果与其给定的极限偏差数值相比较，得出合格性判断	

被测值	测量值/mm			平均值	合格性判断
	测值 1	测值 2	测值 3		
锥度 1:5					

【任务总结】

（1）测量时，需注意两个轻放：一是将正弦规轻放置在平板上；二是将零件轻放置在正弦规上（零件中心线应与挡板平行）。不得在平板上长距离拖拉正弦规，以防两圆柱磨损。

（2）在测量过程中，要进行量块的组合操作，将组合好的量块正确放在圆柱下面，保证其稳定性。

（3）在实际测量时，a、b 两点之间的距离 l 要尽可能大，这样可以减小测量误差；一般分别取距离两端面 3 mm 处。

（4）不要用正弦规检测粗糙零件，防止平板或工作台来回拖动，以免圆柱磨损而降低精度。

（5）用指示表在 a、b 两点处测量时，应垂直于锥体轴线做前后往复推移；在指示表指针不断摆动的过程中记下最大读数作为测得值。

（6）被测零件应利用正弦规的前挡板或侧挡板定位，以保证被测零件角度截面在正弦规圆柱的垂直平面内，避免测量误差。

（7）使用完后，应将正弦规用汽油擦净并涂上防锈油，放入专用盒内。

【知识拓展】

1. 圆锥量规的工作原理

圆锥量规用来检验锥体零件的锥角和尺寸，可分为圆锥塞规和圆锥套规两种，如图 3-2-7 所示。圆锥塞规用于检验锥孔，圆锥套规用于检验外锥体。圆锥量规的锥形表面制造得很精密，在圆锥塞规和套规上加工出一个台阶形的缺口或刻上两条环形刻线，台阶两端面或两条刻线处直径就是被检验锥面的大（或小）端直径的极限尺寸。

图 3-2-7　圆锥量规的检验方法

2. 圆锥量规的使用方法

用圆锥量规检验零件锥角时，先在外锥面上沿母线方向均匀涂 3~4 条极薄的红丹粉或细铅笔线条，再将内、外锥体轻轻贴合，并相对转动约 90°。然后将内、外锥体分离，观察外锥面上涂的颜色或铅笔线条是否被均匀磨去。如磨去的痕迹匀称，则表示该锥角制造得精确。反之，则表示该锥角制造的误差较大。

锥角检验完毕后，再检验被测锥体的尺寸。只要将内、外圆锥轻轻贴合，如果被检锥体的端面正好位于圆锥量规的缺口处或两条刻线之间，则表示该锥面的大（或小）端直径尺寸合格，否则就不合格。

 项目评价

学生应掌握角度公差的基础知识；能够对项目进行分析，针对以上两个任务选择合适的测量量具，设计一个能满足检测精度要求且具有低成本、高效率的检测方案，进行检测并进行合格性判断。通过过程性考核，采取自评、组评、他评的形式对学生完成任务的情况给予综合评价，见表 3-1。

表 3-1　项目评价

姓名		学号		组别			
评价项目	测量评价内容		分值	自评	组评	他评	得分
知识目标	角度公差等基本概念		10				
	工量具的结构原理、结构及使用方法		10				
技能目标 任务 1	万能角度尺的读数方法		15				
	检测过程及数据处理		15				
技能目标 任务 2	正弦规的读数方法		15				
	检测过程及数据处理		15				

续表

评价项目	测量评价内容	分值	自评	组评	他评	得分
情感目标	出勤、纪律	5				
	团队协作	5				
	5S 规范	5				
	安全生产	5				
项目评价总结						

指导教师：   综合评价等级：

评估等级：A（分值≥90）、B（分值≥80 ）、C（分值≥60）、D（分值＜60）

1. 简述万能角度尺的结构及刻线原理。

2. 简述万能角度尺的读数方法。如何进行校验"0"位？

3. 万能角度尺的测量范围有哪些？是如何进行组合的？

4. 简述万能角度尺的测量方法。

5. 角度计量单位有哪些？

6. 简述量块的结构及特点。

7. 量块选用的原则是什么？

8. 简述正弦规的结构及工作原理。

9. 简述用正弦规检测锥度的方法。

10. 对量块、正弦规如何进行维护和保养？

11. 利用正弦规检测锥度时，量块的高度是如何计算获得的？

项目四 形状公差及检测

 项目需求

由于加工过程中零件在机床上的定位误差、刀具与零件的相对运动不正确、夹紧力和切削力引起的零件变形、零件的内应力释放等，零件会产生各种几何误差。这些误差都将对零件的装配和使用性能产生不同程度的影响，因此机械类零件的几何精度，除了必须规定适当的尺寸公差要求以外，还须对零件规定合理的形状、位置、方向等误差。

本项目主要是通过4个任务介绍形状公差的基本知识，掌握零件几何要素、几何公差的基本概念，以及直线度、平面度、圆度等形状误差的检测方法，同时对零件的合格性作出判断。通过学习相关知识和进行技能训练，学生能够熟悉常用量具的结构原理和使用方法，掌握测量的方法和步骤。

 项目工作场景

1. 图纸准备，零件检测评价表
2. 工量刃具及其他准备

平台、框式水平仪、百分表、杠杆百分表、防锈剂等。

3. 实训准备

（1）工量具准备。领用工量具，将工量具摆放整齐，实训结束后按工量具清单清点工量具，交指导教师验收。

（2）熟悉实训要求。复习有关理论知识，详细阅读指导书，对实训要求的重点及难点内容在实训过程中认真掌握。

 方案设计

学生按照项目的技术要求，认真审阅各任务中被测零件的测量要素及有关技术资料，明确检测项目。按照项目需求和项目工作场景的设置，以及检测项目的具体要求和结构特点选择合适的量具和测量方法。检测方案设定为使用框式水平仪检测直线度误差、使用百分表检测平面度误差、使用杠杆百分表检测圆度误差。根据测量方案做好测量过程的数据记录，完成数据分析以及合格性判断，并对产生误差的原因进行分析和归纳。

相关知识和技能

知识点：(1) 掌握零件几何要素、几何公差的基础知识。
　　　　(2) 熟悉常用测量工具（框式水平仪、百分表、偏摆仪、杠杆百分表等）的结构及工作原理。
　　　　(3) 了解各测量工具的适应范围，掌握其使用方法与测量步骤。

技能点：(1) 学会正确、规范使用框式水平仪检测零件直线度误差并进行合格性判断。
　　　　(2) 学会正确、规范使用百分表检测平面度误差并进行合格性判断。
　　　　(3) 学会正确、规范使用杠杆百分表检测圆度误差并进行合格性判断。

任务1　了解几何公差的基本概念

【任务目标】

知识目标：了解几何要素、几何公差、几何公差带等基本概念。
技能目标：能正确区分各几何公差特征符号并掌握其含义。

【任务分析】

图4-1-1所示轴套在加工后可能产生以下误差：
(1) 外圆在垂直于轴线的正截面上不圆（即圆度误差）。
(2) 外圆柱面上任一素线（是外圆柱面与圆柱轴向截面的交线）不直（即直线度误差）。
(3) 端面不平（即平面度误差）。

这些形状误差对孔和轴的使用性能造成了不可忽视的影响，因此零件图样上除了规定尺寸公差来限制尺寸误差外，还规定了几何公差来限制形状和位置误差，以满足零件的功能要求。

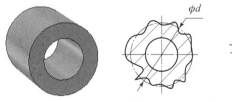

图4-1-1　轴套

【知识准备】

一、零件的几何要素

(一) 几何要素的定义

任何零件不论其复杂程度如何，都是由点、线、面等要素组成的，如图4-1-2所示零

95

件的球面、圆锥面、点（尖）、球心、圆柱面、轴线等。

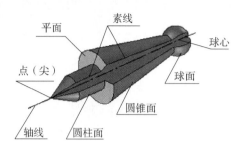

图 4 - 1 - 2　零件的几何要素

4 - 1 - 1　零件几何要素

（二）零件几何要素的分类

零件的几何要素，可以按照存在状态、在几何公差中所处的地位和几何特征分成三类，见表 4 - 1 - 1。

表 4 - 1 - 1　零件几何要素分类

分类方式	种类	定　义	说　明
按存在状态分	理想要素	具有几何意义的要素	绝对准确，不存在任何几何误差，用来表达设计的理想要求，如图 4 - 1 - 3 所示
	实际要素	零件上实际存在的要素	由于加工误差的存在，实际要素具有几何误差。标准规定：零件实际要素在测量时用测得要素来代替，如图 4 - 1 - 3 所示
按在几何公差中所处的地位分	被测要素	图样上给出了形状或（和）位置公差的要素	如图 4 - 1 - 4 所示，ϕd_1 圆柱面给出了圆柱度要求，台阶面对 ϕd_1 圆柱的轴线给出了垂直度要求，因此 ϕd_1 圆柱面和台阶面就是被测要素
	基准要素	用来确定被测要素的方向或（和）位置的要素	如图 4 - 1 - 4 所示，ϕd_1 圆柱的轴线是台阶面的基准要素
按几何特征分	轮廓要素	构成零件外形的点、线、面	是可见的，能直接为人们所感觉到的
	中心要素	表示轮廓要素对称中心的点、线、面	虽不可见，不能为人所直接感觉到，但可通过相应的轮廓要素来模拟体现

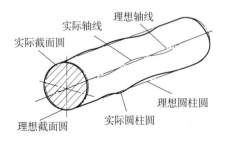

图 4 - 1 - 3　理想要素与实际要素

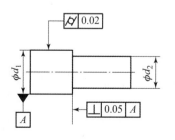

图 4 - 1 - 4　被测要素与基准要素

二、几何公差特征及符号

根据国家标准 GB/T 1182—2008《产品几何级数规范（GPS）几何公差——形状、方向、位置和跳动公差标注》的规定，几何公差包括形状公差、方向公差、位置公差和跳动公差。几何公差特征及符号见表 4－1－2。

表 4－1－2　几何公差特征及符号（GB/T 1182—2008）

几何公差类型	特征	符号	有无基准	几何公差类型	特征	符号	有无基准
形状公差	直线度	—	无	位置公差	位置度	⌖	有或无
	平面度	▱	无		同心度（用于中心点）	◎	有
	圆度	○	无		同轴度（用于轴线）	◎	有
	圆柱度	⌭	无		对称度	⌯	有
	线轮廓度	⌒	无		线轮廓度	⌒	有
	面轮廓度	⌓	无		面轮廓度	⌓	有
方向公差	平行度	//	有	跳动公差	圆跳动	↗	有
	垂直度	⊥	有		全跳动	⌰	有
	倾斜度	∠	有	—	—	—	—
	线轮廓度	⌒	有	—	—	—	—
	面轮廓度	⌓	有	—	—	—	—

三、几何公差带的特征

（一）几何公差带的形状

几何公差带是用来限制实际被测要素变动的区域（表 4－1－3）。几何公差带具有形状、大小、方向和位置等特征。形状是由被测提取要素的理想形状和给定的公差特征所决定的。

表 4－1－3　几何公差带的形状

平面区域		空间区域	
两平行直线	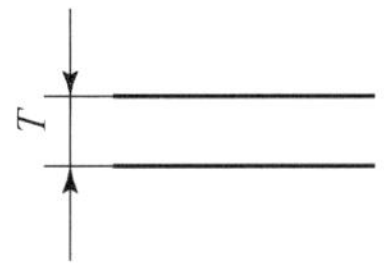	球	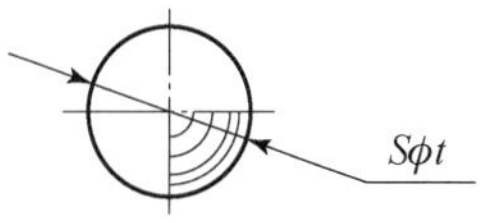
两等距曲线	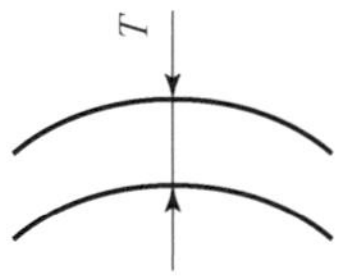	圆柱面	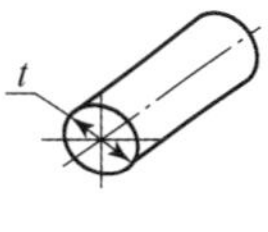

续表

平面区域		空间区域	
两同心圆		两同轴圆柱面	
圆		两平行平面	
		两等距曲面	

（二）几何公差带的大小

几何公差带的大小，是指公差标注中公差值的大小。它是指允许实际要素变动的全量，它的大小表明形状位置精度的高低；根据公差带的形状不同，可以指公差带的宽度、直径或半径差的大小；它由图样上给定的几何公差值确定。

（三）公差带的方向

在评定几何误差时，形状公差带和位置公差带的放置方向直接影响到误差评定的正确性。对于形状公差带，其放置方向应符合最小条件（见几何误差评定）。对于方向公差带，由于控制的正是方向，故其放置方向要与基准要素成绝对理想的方向关系，即平行、垂直或理论准确的其他角度关系。对于位置公差，除点的位置度公差外，其他控制位置的公差带都有方向问题，其放置方向由相对于基准的理论正确尺寸来确定。

（四）公差带的位置

形状公差带，只是用来限制被测要素的形状误差。我们对其本身不作位置要求；定向位置公差带，强调的是相对于基准的关系，其对实际要素的位置是不作控制的；定位位置公差带，强调的是相对于基准位置关系，公差带位置由相对于基准的理论正确尺寸确定，公差带是具有完全固定位置的。

四、几何公差的标注

（一）几何公差框格

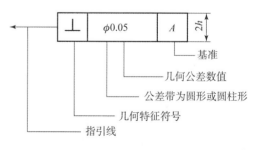

图 4 - 1 - 5　几何公差框格

如图 4 - 1 - 5 所示，几何公差框格在图样上一般应水平放置，若有必要也允许竖直放置。对于水平放置的几何公差框格，应由左往右依次填写几何特征符号、有关符号及公差数值、基准字母等。基准字母最多可以有三个，但是先后有别，基准字母代号前后排列不同将有不同的含义。对于竖直放置的公差框格，应该由下往上填写有关内容。

（二）指引线

公差框格指引线与被测要素有直接的联系，主要是由细实线和箭头组成。它从公差框格的一端引出，并保持与公差框格端线垂直，引向被测要素时允许折弯，但折弯不得多于两次。

指引线的箭头应指向公差带的宽度方向或者径向，如图 4 – 1 – 6 所示。

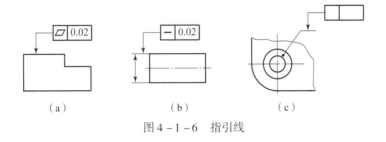

（a）　　　　　　（b）　　　　　　（c）

图 4 – 1 – 6　指引线

（三）基准符号

在几何公差的标注中，与被测要素相关的基准用一个大写字母表示。字母标注在基准方格内，与一个涂黑或空白的三角形相连以表示基准，如图 4 – 1 – 7 所示的基准符号，涂黑的和空白的基准三角形含义相同。基准符号字母不得采用 E、I、J、M、O、P、L、R、F。当字母不够用时可加脚注，如 A_1、A_2、…；B_1、B_2、…

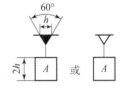

图 4 – 1 – 7　基准符号

任务2　使用框式水平仪检测直线度误差

【任务目标】

知识目标：（1）了解直线度误差的基本概念。
　　　　　　（2）掌握框式水平仪的原理及使用方法。
　　　　　　（3）掌握直线度误差的评定方法。
技能目标：（1）能根据测量对象选择合适的量具、量仪对直线度误差进行检测。
　　　　　　（2）学会正确、规范使用框式水平仪对导轨直线度进行检测，并能对导轨的合格性进行判断。

【任务分析】

图 4 – 2 – 1 所示为普通卧式车床上的导轨，它是支承和引导运动构件沿着一定轨迹运动的零件；主要是由 V 形导轨和平面导轨两部分组成，其精度高低直接影响到溜板箱移动方向的准确性。机床加工精度与导轨精度有直接的联系，因此评价机床导轨的直线度误差对零

件加工有着至关重要的作用。本任务主要是利用框式水平仪检测机床导轨直线度误差并进行合格性判断。

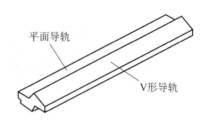

平面导轨

V形导轨

图 4 - 2 - 1　导轨

【知识准备】

4 - 2 - 1　直线度公差

一、直线度的基本概念

（一）直线度公差

直线度公差是指实际直线的形状对理想形状的允许变动量，限制了加工面或线在某个方向上的偏差，主要用于对平面内的直线、回转体上的素线、平面与平面的交线和轴线等实际直线的形状精度提出要求。

（二）直线度公差带

（1）在给定平面内对直线提出要求的公差带：距离为公差值 t（0.1 mm）的一对平行直线之间的区域。只要被测直线不超出该区域即为合格，如图 4 - 2 - 2 所示。

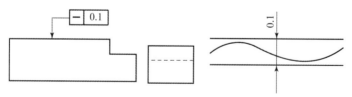

图 4 - 2 - 2　在给定平面内的直线度

（2）在给定方向上对实际直线提出要求的公差带：是一对距离为公差值 t（0.1 mm）的两平行平面之间的区域，如图 4 - 2 - 3 所示。

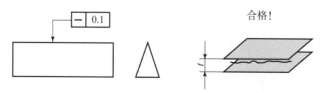

合格！

图 4 - 2 - 3　在给定方向的直线度

（3）在任意方向上对实际直线提出要求的公差带：是一个直径为公差值 t（$\phi0.1$ mm）的圆柱面内的区域。只要被测直线不超出该区域即为合格，如图 4 – 2 – 4 所示。

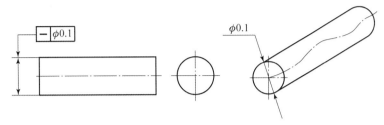

图 4 – 2 – 4　在任意方向上的直线度

（三）直线度误差

直线度误差是指实际被测直线对理想直线的变动量，理想直线的位置应符合最小条件，即实际被测直线对位置符合最小条件的理想直线的最大变动量为最小。

在满足被测零件功能要求的前提下，直线度误差值可以选用不同的评定方法来确定。合格条件是：直线度误差值不大于直线度公差值。

二、直线度误差的评定

最小包容区域法：按最小条件评定直线度误差的方法。

（一）提取组成要素（线、面轮廓度除外）

最小条件：理想要素位于实体之外与实际要素接触，并使被测要素对理想要素的最大变动量为最小（如图 4 – 2 – 5 所示的 f_1）。

（二）导出要素

最小条件：理想要素应穿过实际中心要素，并使实际中心要素对理想要素的最大变动量为最小（如图 4 – 2 – 6 所示的 ϕd_1）。

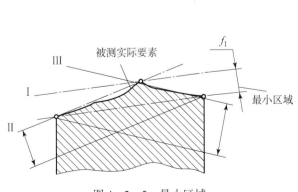

图 4 – 2 – 5　最小区域

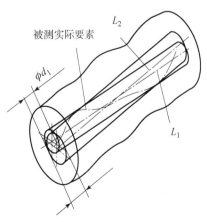

图 4 – 2 – 6　导出要素

三、水平仪

水平仪是利用液面自然水平原理制造的一种测角量仪。水平仪主要用于测量微小角度，检验各种机床及其他类型设备导轨的直线度、平面度和设备安装的水平性、垂直性。常用的水平仪有框式水平仪和光学合像水平仪。

（一）框式水平仪的结构

框式水平仪的结构如图 4 - 2 - 7 所示。它主要由主水准器、定位用的横水准器、做测量基面的框式金属主体、盖板和调零装置组成。主水准器的两端套以塑料管并用胶液黏结于金属座上，主水准器的气泡位置由偏心调节器进行调整。

图 4 - 2 - 7　框式水平仪

框式水平仪有两个测量面：一是安装水准器的下测量面；二是与下测量面垂直的侧测量面。框式水平仪的框架规格有 150 mm × 150 mm、200 mm × 200 mm、250 mm × 250 mm、300 mm × 300 mm 等几种，其中最为常用的水平仪规格为 200 mm × 200 mm。

（二）水平仪的工作原理

水平仪的主要工作部分是一个封闭的弧形玻璃管，它被固定在水平仪内。玻璃管内装有对管壁附着力很小的乙醚之类的液体，并存在一定长度的气泡。水平仪倾斜一个角度 α，气泡相对玻璃管移动相应距离。移动的格数与角度 α 成正比。玻璃管上可有间距为 2 mm 的刻线，根据气泡移动方向和移过的格数，可以测量出被测零件的倾斜方向和角度。框式水平式分度值为 0.02/1 000 mm，它表示水平仪每变化一个刻度，在 1 000 mm 长度内高度变化了 0.02 mm。一般水平仪的工作长度为 200 mm。图 4 - 2 - 8 所示为水平仪刻线原理。

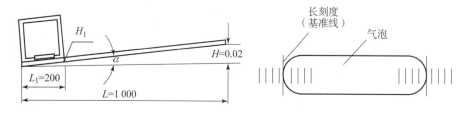

图 4 - 2 - 8　水平仪刻线原理

四、直线度误差测量数据处理及评定方法

检验一台车床的床身导轨在垂直平面内的直线度误差 δ，导轨长度 $D_c = 1\,000$ mm，水平仪的精度值为 0.02 mm/1 000 mm，车床溜板箱每移动 250 mm 测量一次，溜板箱在各个测量位置时水平仪的读数依次为：+1.8 格、+1.3 格、−0.7 格、−1.6 格。请用计算和画图的方法评价直线度。

1. 计算法

计算法（表 4−2−1）数据处理步骤如下：

(1) 根据测量值（格）的代数和求出平均值。

(2) 求出相对值：测量值减去平均值。

(3) 将相对值的前一个数与后一个数相加，求出累积值。

(4) 将累积值中的最大值与最小值相减求出格数。

(5) 利用 $\delta = nli$ 公式求出直线度误差（n 为格数，l 为跨距长度，i 为精度值）。

表 4−2−1　计算法

测值序号	1	2	3	4
测量值/格	+1.8	+1.3	−0.7	−1.6
平均值/格		$(1.8 + 1.3 − 0.7 − 1.6)/4 = 0.2$		
相对值/格	+1.6	+1.1	−0.9	−1.8
累积值/格	+1.6	+2.7	+1.8	0
格数 n	$n = +2.7 − 0 = 2.7$（格）（最大值减最小值）			
直线度	根据 $\delta = nli = 2.7 \times 250 \times 0.02/1\,000 = 0.013\,5$（mm）得知该导轨直线度为 0.013 5 mm			

2. 绘图法

(1) 如图 4−2−9 所示，根据各测点的相对差，在坐标上描点。作图时不要漏掉"0"点，且后一点的坐标位置是在前一点坐标位置的基础上累加的。用直线依次连接各点，得出误差折线。

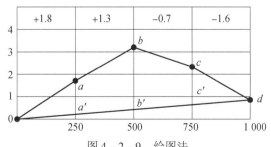

图 4−2−9　绘图法

(2) 用两条平行直线包容误差折线，其中一条直线必须与误差折线两个最高点（或最低点）相切，在两切点之间有一个最低（或最高）点与另一条平行线相切。这两条平行直线之间的区域就是最小包容区域。两条平行线在纵坐标上的截距即为被测表面直线度误差值

角度格数 n。

（3）根据图中 $b - b'$ 可知，n 约为 2.7 格，则 $\delta = nli = 2.7 \times 250 \times 0.02/1\ 000 = 0.013\ 5$（mm）。

五、车床床身导轨调平

在进行车床所有几何项目精度检测前，须将车床安装在适当的基础上，在床脚紧固的螺栓孔处设置可调垫铁，将车床调平。为此，水平仪应顺序地放在床身平导轨纵向 a、b、c、d 和床鞍横向 f 的位置上，如图 4 – 2 – 10 所示；调整可调垫铁使两条导轨的两端放置成水平，同时校正床身导轨的扭曲。

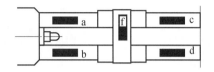

图 4 – 2 – 10　车床床身导轨调平水平仪的位置摆放

【任务实施】

一、测量内容、步骤和要求

（1）熟悉框式水平仪的使用方法。
（2）分析图 4 – 2 – 1 中零件的相关尺寸。
（3）掌握利用水平仪检测导轨直线度的方法、步骤。
（4）处理测量数据并评定各尺寸的合格性。
（5）填写测量报告并做好 5S 管理规范。

4 – 2 – 2　框式水平仪
检测导轨直线度

二、测量过程及测量报告（表 4 – 2 – 2）

表 4 – 2 – 2　测量过程及测量报告

被测零件	
测量项目分析	在竖直平面内，全长直线度误差为 0.03 mm，在任意 500 mm 测量长度上直线度误差为 0.15 mm，只允凸；在水平面内，全长直线度误差为 0.025 mm

测量器具	量具名称	分度值	测量范围
	框式水平仪	0.02/1 000 mm	200 mm × 200 mm
测量过程	检测说明		检测示范
1. 检查导轨	将待测车床导轨清理干净，擦除导轨面的铁屑和油污		
2. 校正水平仪	取出水平仪，校正框式水平仪并清理水平仪底部		
3. 导轨调平	将框式水平仪分别放置在车床导轨的中间和两端的位置上，对导轨进行调平。按照桥板的长度或者水平仪的长度对导轨进行分段，并做好标记，以便检测时首尾相连		

测量过程	检测说明	检测示范
4. 直线度检测	从导轨的左端向右端依次在分段点位置进行测量，记录各段测量数据（气泡右移为正，左移为负）。到达终点后，再进行一次回测，同一测点两次读数的平均值为该点最终的测量数据	 

被测值	测量值/mm					直线度误差	合格性判断
	测值1	测值2	测值3	测值4	测值5		
竖直平面内，全长直线度误差为 0.03 mm 上极限偏差							
在任意 500 mm 测量长度上直线度误差为 0.15 mm，只允凸							
在水平面内，全长直线度误差为 0.025 mm							

【任务总结】

（1）对于水平仪读数的正负，习惯上规定气泡移动的方向和水平仪移动方向相同时为正值，相反时为负值。

（2）一般把水平仪放在桥板上进行检验，桥板的长度一般不会是 1 m。假设桥板的长度为 L mm，水平仪的刻度为 0.02 mm/1 000 mm，则气泡移动一格时，被测面在该长度上两端的高度差 $h = L$（mm）$\times$（0.02 mm/1 000 mm）。

（3）在测量过程中，不允许改变水平仪与桥板之间的位置关系，以免造成测量误差。

【知识拓展】

(一) 刀口直尺

刀口直尺也称作刀口尺、刀口平尺等。刀口直尺主要用于以光隙法进行直线度测量、平面度和垂直度测量，也可与量块一起用于检验平面精度；测量效率高，是机械加工常用的测量工具。

刀口直尺的外形和结构如图 4 - 2 - 11 所示；其具有结构简单、重量轻、不生锈、操作方便、表面镀暗铬、避免反光、便于观察等特点。刀口直尺规格用测量面刃口长度表示，常用的有 75 mm、125 mm、175 mm、200 mm、225 mm、300 mm 等。

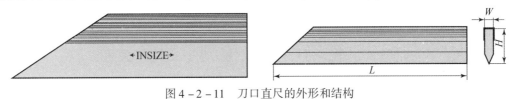

图 4 - 2 - 11　刀口直尺的外形和结构

(二) 用光隙法检测直线度

光隙法是凭借人眼观察通过实际间隙的可见光隙量多少来判断间隙大小的一种基本方法。光隙法测量是将刀口直尺置于被测实际线上并使刀口直尺与实际线紧密接触；转动刀口直尺，使其位置符合最小条件，然后观察刀口直尺与被测线之间的最大光隙，此时的最大光隙即为直线度误差。当光隙值较大时，可用量块或塞尺测出其值。当光隙值较小时，可通过与标准光隙比较来估读光隙值大小。

例：图 4 - 2 - 12 (a) 所示为图样标注，其检测方法如图 4 - 2 - 12 (b) 所示。

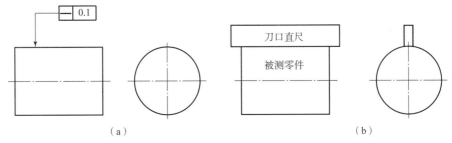

图 4 - 2 - 12　光隙法检测

将刀口直尺与被测素线直接接触，并使刀口直尺和被测素线间的最大间隙为最小，这个最大间隙就是被测素线的直线度误差。测量若干条素线，取其中最大的误差值作为被测零件的直线度误差值。

刀口直尺如果做得足够精确的话，就可以作为直线的理想形状。由于平尺的位置就是理想直线的位置，因此，测量时，应将刀口直尺的位置放置符合最小条件，使刀口直尺与被测素线间的最大间隙为最小，其方法如下：

(1) 当素线为两端高、中间低，即高—低—高时［图 4 - 2 - 13 (a)］，如果刀口直尺与两个高点相接触，那么刀口直尺与低点之间的间隙即为素线的直线度误差。

（2）当素线为两端低、中间高，即低—高—低时［图4-2-13（b）］，如果刀口直尺与最高点接触，并且使平尺与最低点的间隙相等，即$f_1 = f_2$，那么此间隙为素线的直线度误差。

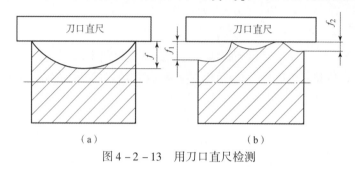

图4-2-13　用刀口直尺检测

任务3　使用百分表检测平面度误差

【任务目标】

知识目标：（1）了解平面度误差的基本概念。

　　　　　（2）掌握平面度误差常用的测量评定方法。

技能目标：（1）学会正确、规范使用百分表对零件的平面度进行检测。

　　　　　（2）能根据平面度测量后的数值对零件的合格性进行判断。

【任务分析】

图4-3-1所示为机械综合加工中的端面盖板，本任务主要学习形状公差中的平面度相关知识。通过对任务分析可知，该零件对平面度具有较高的技术要求，因此本任务主要是学习利用百分表检测平面度并进行合格性判断。

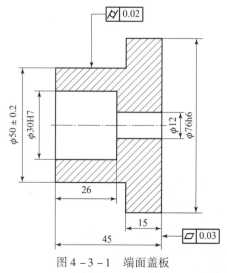

图4-3-1　端面盖板

4 – 3 – 1　平面度公差

【知识准备】

一、平面度的基本概念

（一）平面度公差

平面度表示面的平整程度，指测量平面具有的宏观凹凸高度相对理想平面的偏差。一般来讲，有平面度要求的就不必有直线度要求了，因为平面度包括了面上各个方向的直线度。平面度公差是限制实际平面对其理想平面变动量的一项指标，用于对实际平面的形状精度提出要求。

（二）平面度公差带

平面度公差带是距离为公差值 t 的两平行平面之间的区域，如图 4 – 3 – 2 所示。当零件的上表面有平面度要求时，被测表面必须位于公差值为 0.1 mm 的两平行平面之内。

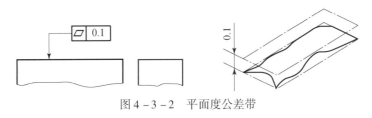

图 4 – 3 – 2　平面度公差带

（三）平面度误差

平面度误差是指实际被测表面对理想平面的变动量，理想平面的位置应符合最小条件，即实际被测表面对位置符合最小条件的理想平面的最大变动量为最小。在满足被测零件功能要求的前提下，平面度误差值可以选用不同的评定方法来确定。合格是：平面度误差值不大于平面度公差值。

二、检测平板

检测平板是用于零件检测或划线的平面基准量具，平板主要是用优质铸铁或花岗岩经过刮削或者研磨制成（图 4 – 3 – 3）。平板工作面的尺寸最小的是 200 mm × 100 mm，最大的是 3 000 mm × 5 000 mm，工作面上可加工 V 形、T 形、U 形槽等，精度可分为 00、0、1、2、3 级平板，其中 2 级以上的为检验平板，3 级为划线平板。

图 4 – 3 – 3　花岗岩平板

三、平面度误差的评定方法

由两平行平面包容实际被测要素时，实现至少三点或四点接触，且具有下列形式之一者，即为最小包容区域，其平面度误差值最小。最小包容区域的判别方法有下列三种形式。

（1）两平行平面包容被测表面时，被测表面上有 3 个最低点（或 3 个最高点）及 1 个最高点（或 1 个最低点）分别与两包容平面接触，并且最高点（或最低点）能投影到 3 个最低点（或 3 个最高点）之间，则这两个平行平面符合最小包容区原则，如图 4 – 3 – 4（a）所示。

（2）被测表面上有 2 个最高点和 2 个最低点分别与两个平行的包容面相接触，并且 2 个最高点投影于 2 个低点连线之两侧，则这两个平行平面符合平面度最小包容区原则，如图 4 – 3 – 4（b）所示。

（3）被测表面的同一截面内有 2 个最高点及 1 个低点（或相反）分别和两个平行的包容面相接触。则该两平行平面符合平面度最小包容区原则，如图 4 – 3 – 4（c）所示。

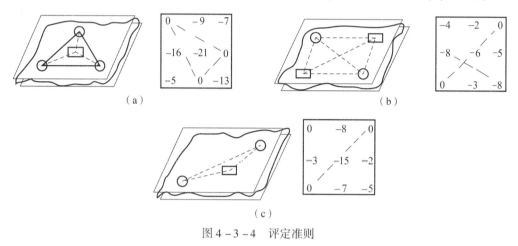

图 4 – 3 – 4　评定准则

四、平面度误差的测量方法

通过在被测表面上提取若干个点，再用这若干个点模拟实际表面，就可以通过直接测量和间接测量的方法获得测量平面，这就是平面度的测量方法。

（一）平板测微法

如图 4 – 3 – 5 所示，检验时，保持表座基准沿工字平尺上平面密切贴合并滑动，百分表测量杆在被测面上移动，其最大跳动量即为被测方向的平面度误差。一般用三点法或四点法进行测量，适用于中小平面的测量。

（二）三角形法

如图 4 – 3 – 6 所示，通过被测表面上相距最远且不在一条直线上的 3 个点建立一个基准平面，那么各测点对此平面的偏差中最大值与最小值的绝对值之和为平面度误差。实测时，可以在被测表面上找到 3 个等高点，并且调到零。在被测表面上按布点测量，与三角形基准平面相距最远的最高和最低点间的距离为平面度误差值。

（三）对角线法

对角线法是通过被测表面的一条对角线作另一条对角线的平行平面，该平面即为基准平面。偏离此平面的最大值和最小值的绝对值之和为平面度误差。

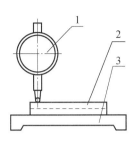

图 4 – 3 – 5　平板测微法

1—百分表；2—测量块；3—平板

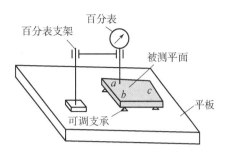

图 4 – 3 – 6　三角形法

检测时，将被测零件放在平板上，将带百分表的测量架放在平板上，并使百分表的测量头垂直地指向被测零件表面，压表并调整表盘，使指针指在"0"位。然后，按图 4 – 3 – 7 所示，将被测平板沿纵横方向均布画好网格，四周离边缘 10 mm，其画线的交点为测量的 9 个点。同时记录各点的读数值。在取得全部被测点的测量值后，按对角线法求出平面度误差值。

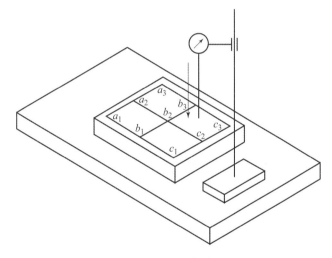

图 4 – 3 – 7　对角线法

数据处理方法：用对角线法求取平面度误差值的方法。

（1）令图 4 – 3 – 8（a）中的 $a_1 - c_1$ 为旋转轴，旋转量为 P。

（2）令图 4 – 3 – 8（b）中的 $a_1 - (a_3 + 2P)$ 为旋转轴，旋转量为 Q。

a_1	a_2	a_3
b_1	b_2	b_3
c_1	c_2	c_3

（a）

a_1	a_2+P	a_3+2P
b_1	b_2+P	b_3+2P
c_1	c_2+P	c_3+2P

（b）

a_1	a_2+P	a_3+2P
b_1+Q	b_2+P+Q	b_3+2P+Q
c_1+2Q	c_2+P+2Q	$c_3+2P+2Q$

（c）

图 4 – 3 – 8　对角线数据处理

（3）按对角线上两个值相等列出下列方程，求旋转量 P 和 Q。

$$a_1 = c_3 + 2P + 2Q$$
$$a_3 + 2P = c_1 + 2Q$$

把求出的 P 和 Q 代入图 4 – 3 – 8（c）中。按最大最小读数值之差来确定被测表面的平面度误差值。

【任务实施】

4 – 3 – 2 百分表
检测平面度

一、测量内容、步骤和要求

（1）掌握百分表的使用方法。

（2）分析图 4 – 3 – 1 中零件的相关尺寸。

（3）掌握利用百分表检测相关平面度的方法、步骤。

（4）处理测量数据以及评定各尺寸的合格性。

（5）填写测量报告并做好 5S 管理规范。

二、测量过程及测量报告（表 4 – 3 – 1）

表 4 – 3 – 1 测量过程及测量报告

被测零件			
测量项目分析	<table><tr><td>▱ 0.03</td></tr></table>		
测量器具	量具名称	分度值	测量范围
	百分表	0.01 mm	0 ~ 10 mm

续表

测量过程	检测说明	检测示范
1. 调整零件、工作台	将测量平板和待测平面擦拭干净，将待测零件放置在可调支承上，调节可调支承使待测平面目测处于水平位置	
2. 检查百分表	取出百分表，用手指推动测量头观察测量杆和表指针运动是否正常	
3. 放置百分表	将百分表安装到百分表架上，使百分表的测量杆与待测平面保持垂直	

续表

测量过程	检测说明	检测示范
4. 调整百分表	通过百分表读数调整平面上的三个测点，使其处于同一水平面	
5. 记录数据	根据待测平面的大小和形状依次等距测量零件上的若干个点，并记录测量数据	
6. 数据处理	根据测量结果找出最高的点读数 d_{max}，最低的点读数 d_{min}，计算平面度误差：$f = d_{max} - d_{min}$	

被测值	测量值/mm					平面度	合格性判断
	测值1	测值2	测值3	测值4	测值5		
▱ 0.03							

【任务总结】

（1）百分表在使用时，应垂直于被测平面；要轻拿轻放，防止撞击造成表损坏。

（2）利用可调支承进行调整被测平面的水平，确保三个测点等高，且支承点在被测平面上的距离应尽量大。

（3）轻拿轻放零件，不要在平板上随意移动粗糙的零件，以免对平板工作面造成碰擦、划伤等损坏。

（4）使用完毕后，要将零件及时从平板上拿下来，避免零件长时间对平板重压而造成平板的变形。

【知识拓展】

（1）使用刀口直尺检测平面度误差。如图4-3-9所示为用刀口直尺检验平面度的示例。将刀口直尺垂直紧靠在零件表面，检验时不但要在平行于零件棱边方向检查，而且还要沿着纵向、横向和对角线方向逐次检查。

如果刀口直尺与零件平面透光微弱而均匀，则该零件平面度合格；如果进光强弱不一，则说明该零件平面凹凸不平。可在刀口直尺与零件紧靠处将塞尺插入，根据塞尺的厚度即可确定平面度的误差（图4-3-10）。

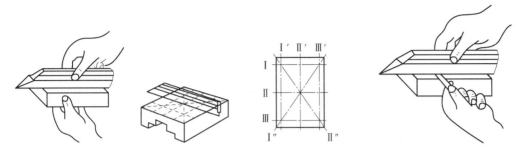

图4-3-9 从各个方向检查零件的平面度　　图4-3-10 用刀口直尺检测平面度

（2）水平仪法适用于测量平面度公差等级较高而面积大或较大的表面。测量时，首先要用固定支承和两个可调支承把测量零件支承起来。把水平仪放置在实际被测表面上相距最远的三处，同时调整两个可调支承的高度，使水平仪在这三处的示值大致相同，将实际被测表面调整到大致水平的位置。其测量方法与测量直线度误差的方法类似，如图4-3-11（a）所示。

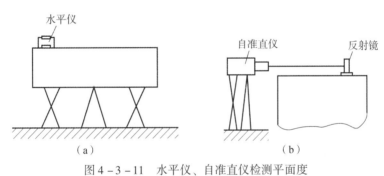

图4-3-11 水平仪、自准直仪检测平面度

（3）自准直仪法适用于测量平面度公差等级较高而面积大或较大的表面。先把被测表面大致调平，然后同测量直线度误差一样，依次测量所选定的几个测量截面上的各个测点，读取对这些测点测得的示值，如图4-3-11（b）所示。

任务4　使用杠杆百分表检测圆度误差

【任务目标】

知识目标：（1）了解圆度误差的基本概念。
　　　　　　（2）掌握杠杆百分表的结构及原理。
　　　　　　（3）掌握圆度误差常用的测量方法。

技能目标：学会正确、规范使用杠杆百分表对零件的圆度误差进行检测，并对零件的合格性进行判断。

【任务分析】

在机械制造中，经常会加工轴、套筒等回转体类零件，这些零件需要配合起来使用，这就要求不仅满足尺寸精度要求，同时还要满足几何精度要求，如图4-4-1所示的轴套，依据图纸技术要求加工出该轴套，需要保证圆度误差的合格性。本任务是通过杠杆百分表检测轴套圆度误差并进行合格性判断。

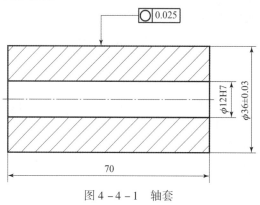

图4-4-1 轴套

【知识准备】

4-4-1 圆度、
圆柱度

一、圆度基本概念

（一）圆度公差

圆度公差是限制实际圆对理想圆变动量的指标，它是控制截面上圆的误差指标，即在圆柱面、圆锥面或球面等回转体的给定横截面内，实际被测圆周的轮廓形状对理想的几何圆的允许变动量。

（二）圆度公差带

圆度公差带是限制实际被测圆周变动的区域，是指被测圆柱面的任意截面的圆周必须位于半径差为公差值 t（0.02 mm）的两同心圆之内，如图4-4-2所示。

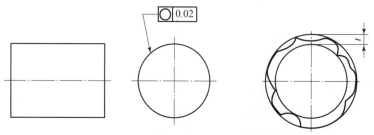

图4-4-2 圆度公差带

圆度公差带的特点是不涉及基准，公差带无确定的方向和固定的位置（两同心圆的圆心位置是浮动的）。公差带的方向和位置随相应实际要素的不同而浮动。

（三）圆度误差

圆度误差是指在圆柱面、圆锥面或球面等回转体的给定横截面内，实际被测圆周轮廓对其理想圆的变动量，理想圆的位置应符合最小条件。在满足被测零件功能要求的前提下，圆度误差可以选用不同的评定方法来评定。合格条件是：圆度误差值不大于圆度公差值。

二、圆度误差评定方法

圆度误差值用最小包容区域（简称最小区域）的宽度或直径表示。最小区域是指包容被测实际要素，且具有最小宽度 f 或直径的区域，最小包容区的形状与其相应的公差带的形状相同。最小区域是根据被测实际要素与包容区域的接触状态来判别的，评定圆度误差时，包容区为两个同心圆之间的区域，实际圆应至少有内、外交替的四点与两包容圆接触，这个包容区就是最小包容区，如图 4 - 4 - 3 所示。

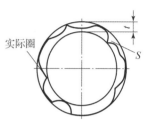

图 4 - 4 - 3　最小包容区

三、圆度误差的测量方法

圆度测量方法有两点法、三点法等。

（1）用两点法测量圆度误差的原理是在垂直于被测零件轴线的横截面内测量轮廓圆上各点的直径，取其中最大直径与最小直径差的一半作为该截面的圆度误差。测量若干个截面，取几个截面中最大的圆度误差值作为零件的圆度误差，它适宜找出轮廓圆具有偶数棱的圆度误差，如图 4 - 4 - 4 所示。

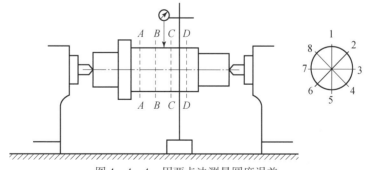

图 4 - 4 - 4　用两点法测量圆度误差

（2）用三点法测量圆度误差的原理是将被测零件放在 V 形块上，使其轴线垂直于测量截图，同时固定轴向位置，百分表接触圆轮廓的上面，如图 4 - 4 - 5 所示；将被测零件回转一周，取百分表读数的最大值与最小值之差为 Δh，按公式 $\Delta = \Delta h/K$ 确定被测横截面轮廓的圆度误差值。式中 K 为换算系数，它与零件棱边数 n 和 V 形块夹角 2α 有关，常用 2α 角为 90°、120° 或 72°、108° 的两块 V 形块分别测量，取 K 值为 2。它适用于找出轮廓圆具有奇数棱的圆度误差。

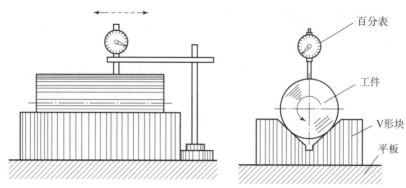

图 4-4-5　用三点法测量圆度误差

用两点法与三点法测量圆度误差是一般生产车间可采用的简便易行的方法，它只需要普通的计量器具，如百分表或比较仪等。在测量前，往往知道被测量零件截面是偶数棱圆还是奇数棱圆，不必确定采用两点法还是三点法。比较可靠的办法是用两点法测量一次和两种三点法各测量一次，取三次所得误差值的最大值作为零件的圆度误差，对最大值和圆度公差值进行比较，如果圆度误差最大值小于圆度公差值，则表示合格。

四、杠杆百分表

（一）杠杆百分表的外形及结构

杠杆百分表又被称为杠杆表或靠表，是一种借助于杠杆—齿轮或杠杆—螺旋传动机构，将测量杆的摆动变为指针回转运动的指示式量具，也是一种将直线位移变为角位移的量具。杠杆百分表表盘圆周上有均匀的刻度，分度值为 0.01 mm。其结构如图 4-4-6 所示。

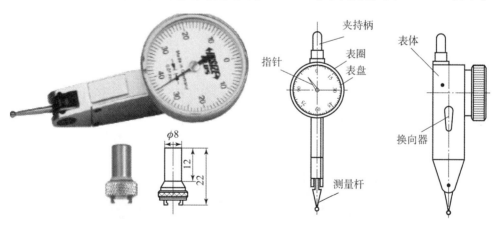

图 4-4-6　杠杆百分表的外形及结构

（二）杠杆百分表的传动原理

杠杆百分表的传动原理如图 4-4-7 所示。杠杆百分表是由杠杆、齿轮传动机构组成的。杠杆测量头 5 位移时，带动扇形齿轮 4 绕其轴摆动，使与其啮合的齿轮 2 转动，从而带动与齿轮同轴的指针 3 偏转。当杠杆测量头的位移为 0.01 mm 时，杠杆齿轮传动机构使指针正好偏转一格。

（三）杠杆百分表使用方法

如图 4 - 4 - 8 所示，杠杆百分表能在正、反 180°方向上进行工作，借助换向器来改变测量头与被测表面的接触方向。杠杆百分表的一般用途与钟表式百分表相似，可用绝对测量法测量零件的几何形状和相互位置的正确性，也可用比较测量方法测量尺寸。尤其是对小孔的测量和在机床上校正零件时，由于空间限制，百分表放不进去或测量杆无法垂直于零件被测表面，这时使用杠杆百分表就显得尤为方便，如图 4 - 4 - 9 所示。

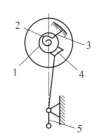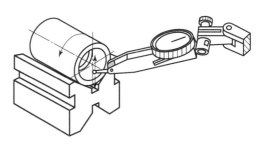

图 4 - 4 - 7　传动原理
1—小齿轮；2—游丝；3—指针；
4—扇形齿轮；5—测量杆

图 4 - 4 - 8　测量杆的
正确位置

图 4 - 4 - 9　杠杆百分表
检测的正确位置

由于测量杆（杠杆短臂）的有效长度直接影响测量误差，因此在测量时，应使杠杆百分表的测量头轴线与测量线尽量垂直，测量头轴线与被测表面夹角应小于 15°，如图 4 - 4 - 10 所示。

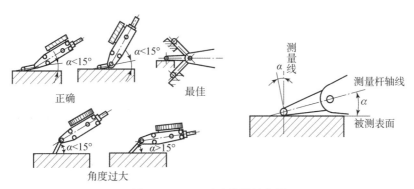

图 4 - 4 - 10　正确使用的位置

【任务实施】

一、测量内容、步骤和要求

（1）回顾百分表的使用方法。

（2）分析图 4 - 3 - 1 中零件的相关尺寸。

（3）掌握利用百分表检测相关圆度的方法、步骤。

（4）处理测量数据以及评定各尺寸的合格性。

4 - 4 - 2　杠杆
百分表检测圆度

(5)填写测量报告并做好 5S 管理规范。

二、测量过程及测量报告（表 4 – 4 – 1）

表 4 – 4 – 1　测量过程及测量报告

被测零件	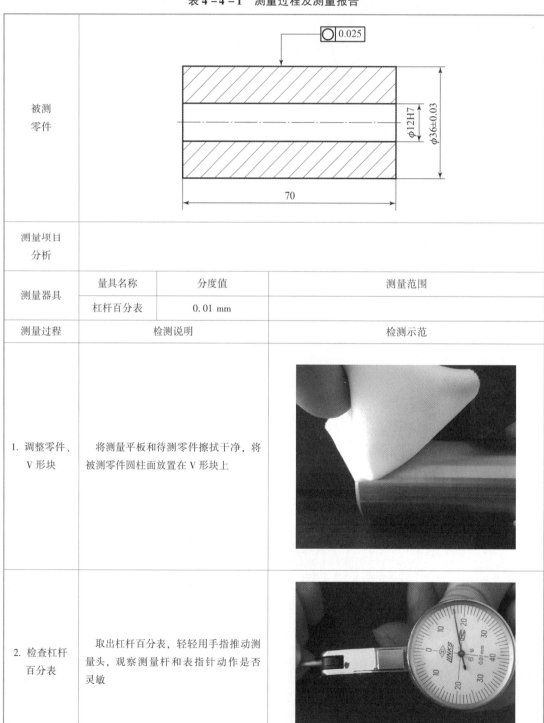
测量项目分析	

测量器具	量具名称	分度值	测量范围
	杠杆百分表	0.01 mm	

测量过程	检测说明	检测示范
1. 调整零件、V 形块	将测量平板和待测零件擦拭干净，将被测零件圆柱面放置在 V 形块上	
2. 检查杠杆百分表	取出杠杆百分表，轻轻用手指推动测量头，观察测量杆和表指针动作是否灵敏	

续表

测量过程	检测说明	检测示范
3. 安装杠杆百分表	将杠杆百分表装夹在表架上，使百分表的测量头垂直于被测面。测量杆轴线与被测索线相切面平行，且与所测圆柱截面在同一个平面内	
4. 调整杠杆百分表	调整测量头高度，使测量头与被测圆柱最高处素线接触，并使测量杆有一定的初始测力，测量杆有一定的压缩量，调整刻度盘使零线与指针对齐	
5. 检测圆度误差	将被测零件回转一周，观察指针变化，并记录最大和最小读数值；利用同样的方法，可以选择不同的截面进行测量，取截面圆度误差值最大的为该零件的圆度	

被测值	测量值/mm					圆度误差	合格性判断
	测值1	测值2	测值3	测值4	测值5		
0.025							

【任务总结】

（1）V形块是用于支承圆柱形零件，使零件轴线与平台平面平行，一般两块为一组，如图4-4-11所示。

（2）百分表指针一定要灵敏、稳定、没有间隙误差。

（3）平台、V形块、杠杆百分表及被测零件一定要清洁。

（4）测量动作要轻、稳、准，记录要真实。

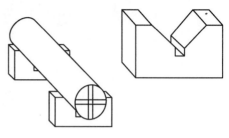

图4-4-11　V形块

【知识拓展】

（一）圆柱度的基本概念

1. 圆柱度公差

圆柱度公差是限制实际圆柱面对理想圆柱面变动量的指标，它可综合控制圆柱表面在横截面和纵横截面内的各项形状误差，如圆度、素线直线度、轴线直线度等，是一项控制圆柱体零件形状误差的综合指标。

2. 圆柱度公差带

圆柱度公差带是指限制实际被测圆柱表面变动的区域，是指半径差等于公差值 t（0.05 mm）的两同轴线圆柱表面之间所限定的区域，如图4-4-12所示。

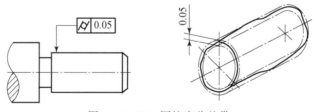

图4-4-12　圆柱度公差带

3. 圆柱度误差

圆柱度误差是指实际被测圆柱表面对其理想圆柱表面的变动量，理想圆柱表面的位置应符合最小条件。按照定义，评定圆柱度误差时，用两个同轴线的圆柱表面包容实际被测圆柱表面，直到这个包容圆柱表面的半径差缩小到最小值，该半径差最小值即为圆柱度误差值。合格条件是：圆柱度误差值不大于圆柱度公差值。

（二）圆柱度的测量方法

1. 打表法

按图4-4-13所示方法，转动刻度盘使零线与指针对齐。在各给定横截面内将零件回转，观察指针变化，并记录最大和最小读数值，最大读数与最小读数之差的一半即为该截面的圆度误差。

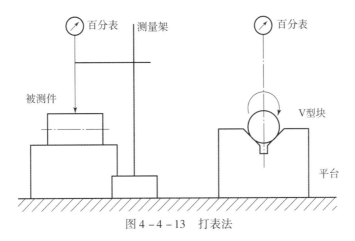

图 4 – 4 – 13 打表法

2. 利用内径百分表检测圆柱度

图 4 – 4 – 14 所示为利用内径百分表测量内径尺寸的方法。旋转内径百分表，分别记录最大值与最小值，最大值减去最小值即为圆柱度。

 项目评价

学生应掌握几何要素、几何公差的基础知识；能够对项目进行分析，针对三个任务选择合适的测量量具，设计一个能满足检测

图 4 – 4 – 14 内径百分表测量圆柱度误差

精度要求且具有低成本、高效率的检测方案，进行检测并进行合格性判断。通过过程性考核，采取自评、组评、他评的形式对学生完成任务的情况给予综合评价，见表 4 – 1。

表 4 – 1 项目评价

姓名		学号		组别			
评价项目	测量评价内容		分值	自评	组评	他评	得分
知识目标	掌握零件几何要素、几何公差的基础知识		4				
	熟悉常用的测量工具的结构及工作原理，了解其适应范围，掌握其使用方法与测量步骤		4				
	各种量具的使用方法		4				

续表

姓名		学号		组别			
评价项目	测量评价内容		分值	自评	组评	他评	得分
技能目标 任务2	框式水平仪的使用方法		4				
	框式水平仪检测零件直线度的过程		10				
	数据处理及合格性判断		8				
技能目标 任务3	量具的正确选择、校零		4				
	百分表检测零件平面度误差的过程		10				
	数据处理及合格性判断		8				
技能目标 任务4	量具的正确选择、校零		4				
	杠杆百分表测量零件圆度误差的过程		10				
	数据处理及合格性判断		8				
情感目标	出勤		4				
	纪律		4				
	团队协作		4				
	5S 规范		4				
	安全生产		6				
项目评价总结							

指导教师：　　　综合评价等级：

评估等级：A（分值≥90）、B（分值≥80）、C（分值≥60）、D（分值＜60）

思考与练习

1. 零件的几何要素有哪些分类？

2. 几何要素按照存在的状态可以分成哪几类？

3. 几何公差有哪些项目？分别写出各自的特征项目符号。

4. 几何公差带的形状有哪些？试写出各自的形状符号。

5. 公差带的大小影响因素有哪些？

6. 试写出下面几何公差标注的意义。

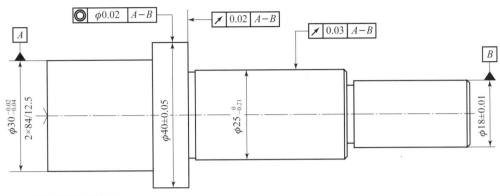

7. 试画出基准符号。

8. 形状公差的概念是什么？

9. 直线度公差概念是什么？

10. 直线度分别在给定平面内直线度、给定方向上直线度、任意方向的直线度标注含义是什么？

11. 水平仪的规格有哪些以及结构组成部分有哪些？

12. 直线度误差评定的方法是什么？

13. 在检测车床导轨直线度时，检测注意事项有哪些？

14. 平面度公差概念是什么？什么是平面度公差带？什么是平面度误差？

15. 检测平板的作用是什么？精度等级是多少？

16. 利用百分表进行检测平面度时，支承的作用是什么？

17. 通过查阅资料，简述利用水平仪进行检测平面度的方法。

18. 什么是圆度公差？什么是圆度公差带？什么是圆度误差？

19. 什么是圆柱度公差？什么是圆柱度公差带？什么是圆柱度误差？

20. 杠杆百分表的工作原理及结构是什么？

21. 杠杆百分表在使用过程中有哪些注意事项？

项目五 方向与位置公差及检测

 项目需求

本项目主要是通过三个任务介绍方向与位置公差的基本知识，掌握平面类零件面与面之间的平行度、垂直度、对称度误差的检测方法，同时对零件的合格性进行判断。通过学习相关知识和进行技能训练，学生能够熟悉和掌握零件面与面之间平行度、垂直度、对称度测量的方法和步骤。

 项目工作场景

1. 图纸准备，零件检测评价表
2. 工量刃具及其他准备

杠杆百分表、检验平板、刀口角尺等。

3. 实训准备

（1）工量具准备。领用工量具，将工量具摆放整齐，实训结束后按工量具清单清点工量具，交指导教师验收。

（2）熟悉实训要求。复习有关理论知识，详细阅读指导书，对实训要求的重点及难点内容在实训过程中认真掌握。

 方案设计

学生按照项目的技术要求，认真审阅各任务中被测件的测量要素及有关技术资料，明确检测项目。按照项目需求和项目工作场景的设置，以及检测项目的具体要求和结构特点选择合适的量具和测量方法。检测方案设定为用杠杆百分表检测平行度、用刀口角尺检测垂直度、用杠杆百分表检测对称度误差。根据测量方案做好测量过程的数据记录，完成数据分析以及合格性判断，并对产生误差的原因进行分析和归纳。

 相关知识和技能

知识点：（1）掌握平行度、垂直度、对称度基本概念。

（2）熟悉测量工具杠杆百分表的结构及工作原理，了解其适应范围，掌握其使用方法与测量步骤。

技能点：（1）学会正确、规范使用杠杆百分表检测零件平行度。

　　　　（2）学会正确、规范使用刀口角尺检测零件垂直度。

　　　　（3）学会正确、规范使用杠杆百分表检测零件对称度。

任务1　使用杠杆百分表检测平行度误差

【任务目标】

知识目标：（1）了解方向公差的基本概念。

　　　　　（2）了解平行度的基本概念。

　　　　　（3）掌握杠杆百分表读数方法。

技能目标：（1）能根据被测零件尺寸的技术要求，选择合适的杠杆百分表。

　　　　　（2）学会正确、规范使用杠杆百分表对零件平面与平面之间的平行度进行测量，并对零件的合格性进行判断。

【任务分析】

图 5 - 1 - 1 所示的平面类零件，为校企合作开展测量比赛的样题。根据图纸的技术要求可知，其涵盖的测量要素较多，其中对于平行度的要求较高、有两处平行度公差为 0.05 mm。本任务主要是学习利用杠杆百分表检测平行度误差并进行合格性判断。

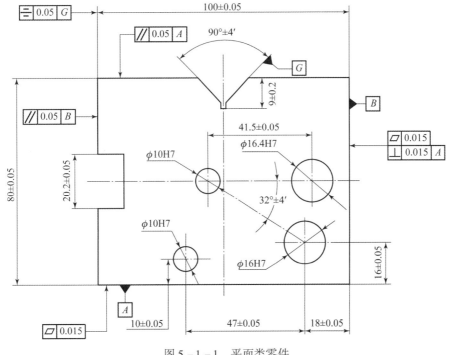

图 5 - 1 - 1　平面类零件

【知识准备】

一、方向公差

方向公差是指实际要素对基准要素在方向上允许的变动量。方向公差包括平行度、垂直度、倾斜度等，它们的被测要素和基准要素都有直线和平面之分。因此，被测要素相对基准要素都有面对面、线对面、面对线、线对线等四种情况。表 5 – 1 – 1 所示为方向公差的特征及符号。

表 5 – 1 – 1　方向公差的特征及符号

公差类型	几何特征	符号	有无基准
方向公差	平行度	//	有
	垂直度	⊥	有
	倾斜度	∠	有
	线轮廓度	⌒	有
	面轮廓度	⌓	有

二、公差的代号

公差的代号包括：框格和指引线、公差有关项目的符号、公差有关符号和数值、基准字母和其他有关符号等。

框格内从左到右填写以下内容，如图 5 – 1 – 2 所示。

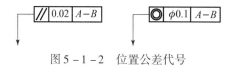

图 5 – 1 – 2　位置公差代号

（1）第一格填写公差项目符号。
（2）第二格填写公差有关符号和数值。
（3）第三格填写基准代号的字母和有关符号。

三、平行度的基本概念

（一）平行度公差

平行度公差（可简称平行度）是限制被测实际要素对基准要素在平行方向上的变动量。用于对被测实际要素相对于基准要素的平行方向精度提出要求。由于被测要素与基准要素均可以是线或面，因此会有线对线、面对面、线对面、面对线的平行度情况。

5 – 1 – 1　平行度

（二）平行度公差带

平行度公差带是指允许实际被测要素相对于基准要素保持平行关系而变动的区域。

1. 面对面的平行度

如图 5 - 1 - 3 所示，上平面对底面 D 的平行度公差为 0.01 mm，必须位于距离为公差值 0.01 mm 且平行于基准平面 D 的两个平行平面之间。

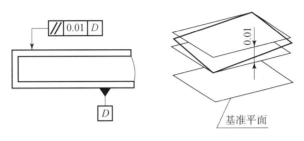

图 5 - 1 - 3　面对面的平行度

2. 线对面的平行度

如图 5 - 1 - 4 所示，ϕD 孔的轴线对底面 B 的平行度公差为 0.01 mm，ϕD 孔的轴线必须位于距离为公差值 0.01 mm 且平行于基准平面 B 的两个平行平面之间。

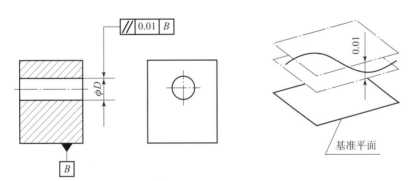

图 5 - 1 - 4　线对面平行度

3. 面对线平行度

如图 5 - 1 - 5 所示，上平面对孔轴线的平行度公差为 0.1 mm，上平面必须位于距离为公差值 0.1 mm 且平行于基准轴线 C 的两个平行平面之间。

（三）平行度误差

平行度误差是指实际被测要素对其具有确定方向的理想要素的变动量，理想要素的方向应平行于基准要素。合格条件是平行度误差值不大于平行度公差。

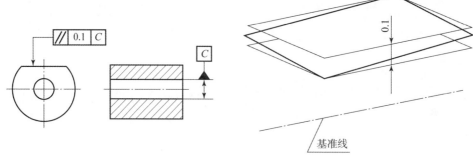

图 5 - 1 - 5　面对线平行度

【任务实施】

一、测量内容、步骤和要求

（1）练习杠杆百分表的读数。

（2）分析图 5 - 1 - 1 中零件的被测要素与基准要素。

（3）利用杠杆百分表检测被测平面。

（4）处理测量数据以及评定平行度的合格性。

（5）填写测量报告并做好 5S 管理规范。

5 - 1 - 2　杠杆白分表
检测平行度

二、测量过程及测量报告（表 5 - 1 - 2）

表 5 - 1 - 2　测量过程及测量报告

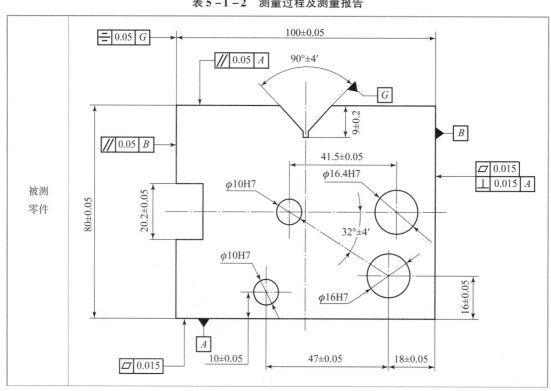

被测
零件

续表

测量项目分析	平行度 0.05		
测量器具	量具名称	分度值	测量范围
	杠杆百分表	0.01 mm	
测量过程	检测说明	检测示范	
1. 检查杠杆百分表	擦净杠杆百分表，对杠杆百分表进行校验，必要时要进行调整或修理		
2. 清理零件	检查零件是否清洁，去除零件上的毛刺，用干净棉布擦净		
3. 安装百分表	将杠杆百分表装夹在表架上，使百分表的测量头垂直于被测表面		
4. 调整百分表	调整测量头高度，使测量杆有一定的初始测力，测量杆有一定的压缩量，转动刻度盘使零线与指针对齐		

续表

测量过程	检测说明	检测示范
5. 测量平行度	测量时可选用两条以上的平行线或两条相交线，百分表指示的最大值与最小值差值为平行度误差值	

被测值	测量值/mm		差值	合格性判断
	最大值	最小值		
0.05（A）				
0.05（B）				

【任务总结】

（1）将零件放在检验平板上，调整百分表的位置，使表针垂直并轻压被测表面。

（2）测量时可选用两条以上的平行线或两条相交线，百分表指示的最大值与最小值之差为平行度误差值。

（3）使用完毕后要清洁量具，并上好油，放入盒内。

【知识拓展】

用百分表测量导轨平行度误差

如图5-1-6所示，利用百分表测量导轨平行度。把与V形导轨相研合的桥板作为模拟测量基准，将百分表及表架放置在桥板上，使百分表测量头直接与被测导轨平面导轨接触，移动桥板并带动百分表在被测平面上进行测量。百分表指针最大摆动范围就是该导轨的平行度误差。具体测量方法和步骤如下：

（1）将导轨及桥板清理干净，把百分表安装在磁力表架上。

（2）调整百分表，使测量杆与被测平面垂直，预压百分表1~2圈。

（3）将百分表调到"0"位，匀速缓慢地移动桥板，在导轨的全长上进行测量，并将百分表的最大值和最小值记录下来。由于测量面比较窄小，可以在三条测量线上进行测量取平均值。

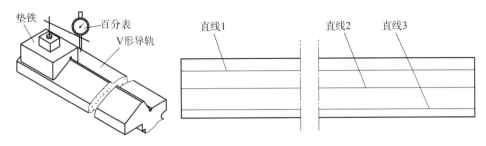

图 5 – 1 – 6　导轨平行度检测

任务 2　使用刀口角尺检测垂直度误差

【任务目标】

知识目标：（1）了解垂直度的基本概念。

　　　　　（2）掌握刀口角尺使用方法。

技能目标：（1）能根据被测零件尺寸的技术要求，选择合适的刀口角尺。

　　　　　（2）学会正确、规范地使用刀口角尺对零件平面与平面之间的垂直度进行测量，并对零件的合格性进行判断。

【任务分析】

图 5 – 2 – 1 所示的长方体，是钳工实习中最基础的备料课题，其主要技术要求在于基准面的加工、精度的高低会直接影响到后续划线、加工的精度。因此对于钳加工课题，在备料中如何检测基准面的垂直度至关重要。根据图纸分析：该零件的垂直度公差要求为 0.02 mm，因此本次任务主要是利用刀口角尺检测长方体的垂直度误差并进行合格性判断。

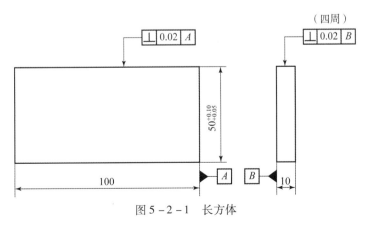

图 5 – 2 – 1　长方体

133

【知识准备】

一、垂直度的基本概念

（一）垂直度公差

垂直度是限制实际要素对基准要素在垂直方向上的变动量。它属于方向公差，具有控制方向的功能，即控制被测要素对基准要素的方向，理论正确角度为90°。

5－2－1 垂直度

（二）垂直度公差带

垂直度公差带是指允许实际被测要素相对于基准要素保持垂直关系而变动的区域。在垂直度公差带中，被测要素和基准要素可以是线，也可以是面。

1. 面对面垂直度

如图5－2－2所示，右侧面对底面A的垂直度公差为0.08 mm，则右侧面必须位于距离为公差值0.08 mm且垂直于基准平面A的两个平行平面之间。

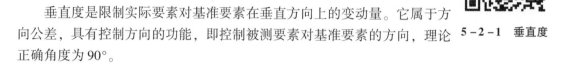

图5－2－2　面对面垂直度

2. 面对线垂直度

如图5－2－3所示，两端面对φD孔轴线A的垂直度公差为0.05 mm，被测端面必须位于距离为公差值0.05 mm且垂直于基准轴线A的两个平行平面之间。

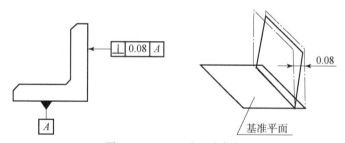

图5－2－3　面对线垂直度

3. 在任意方向上线对面的垂直度

如图5－2－4所示，φd外圆的轴线对基准面A的垂直度公差为φ0.05 mm，则φd外圆的轴线必须位于直径为公差值φ0.05 mm且垂直于基准平面A的圆柱面内。

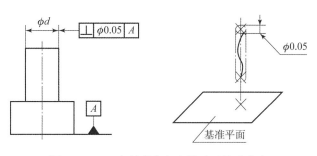

图 5 – 2 – 4　在任意方向上线对面的垂直度

3. 垂直度误差

垂直度误差是指实际被测要素对其具有确定方向的理想要素的变动量，理想要素的方向应垂直于基准要素。合格条件是垂直度误差值不大于垂直度公差值。

二、垂直度的评价

当基准是直线，被评价的是直线时，垂直度是垂直于基准直线且距离最远的两个包含被测直线上的点的平面之间的距离。

当基准是直线，被评价的是平面时，垂直度是垂直于基准直线且距离最远的两个包含被测平面上的点的平面之间的距离。

当基准是平面，被评价的是直线时，垂直度是垂直于基准平面和评价方向，且距离最远的两个包含被测直线上的点的平面之间的距离。

当基准是平面，被评价的是平面时，垂直度是垂直于基准平面且距离最远的两个包含被测平面上的点的平面之间的距离。

用来确定被测要素的方向或位置的要素，在图样上应用基准符号来标注，理想基准要素简称基准（这里的基准是指测量基准）。

三、角尺

角尺即直角尺、90°角尺，是一种用来检测直角和垂直度误差的定值量具，也可当作直尺测量直线度、平面度以及检查机床仪器的精度和划线。角尺的结构形式较多，其中最常用的是宽座角尺和刀口角尺，如图 5 – 2 – 5 所示。

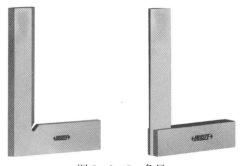

图 5 – 2 – 5　角尺

刀口角尺测量面为刀口形状，一般采用优质碳素工具钢制造，加工中经过多次热处理，工作面采用精密磨削而成。宽座角尺通常用铸铁、钢或花岗岩制成。

角尺规格（单位：mm）有 50×32、63×40、80×50、100×63、125×80、160×100、200×125 等。

刀口角尺和宽座角尺结构简单，可以检测零件的内、外角，结合塞尺使用还可以检测零件被测表面与基准面间的垂直度误差，并可用于划线和基准的校正等，如图 5-2-6 所示。

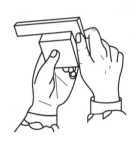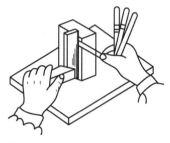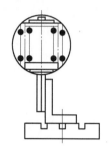

图 5-2-6　角尺的使用

直角尺的制造精度有 00 级、0 级、1 级和 2 级四个精度等级，00 级的精度最高，一般作为校正基准，用来检定精度较低的直角量具；0 级和 1 级用于检验精密零件，2 级用于一般零件的检测。

【任务实施】

5-2-2　垂直度检测

一、测量内容、步骤和要求

（1）练习刀口角尺的使用方法。

（2）分析图 5-2-1 中零件的被测要素与基准要素。

（3）利用刀口角尺检测平面垂直度误差。

（4）处理测量数据以及评定垂直度的合格性。

（5）填写测量报告并做好 5S 管理规范。

二、测量过程及测量报告（表 5-2-1）

表 5-2-1　测量过程及测量报告

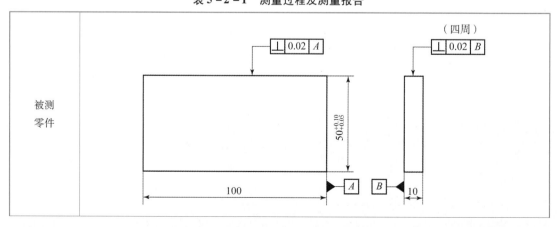

续表

测量项目分析	垂直度：0.02 mm			
测量器具	量具名称	分度值	测量范围	
	刀口角尺			
测量过程	检测说明		检测示范	
1. 检查刀口角尺	擦净刀口角尺，检查刀口是否有缺损			
2. 清理零件	检查零件是否清洁，去除零件上的毛刺，用干净棉布擦净			
3. 检测垂直度	将刀口角尺的基准面与被测零件的基准面贴合			
	自上而下移动角尺，让刀口角尺的测量面与零件的被测表面轻轻接触			
	利用透光法，检测被测面相对于基准面的垂直度误差			

续表

被测值	测量值/mm		差值	合格性判断
	最大值	最小值		
0.02（1）				
0.02（2）				
0.02（3）				
0.02（4）				
0.02（5）				

【任务总结】

（1）垂直度误差可采用平板、直角座、带指示表的表架、水平仪、三坐标测量仪等装置进行测量。在实际工程中，特别是现场检测时，多采用打表法进行测量垂直度。

（2）面对面的垂直度误差检测有塞尺法、打表法、水平仪法等。利用塞尺法时，主要是借助于直角尺或者方箱作为辅助工具，将直角尺放置在平板上，零件被测面与直角尺靠紧，零件被测面如果与直角尺基准面有间隙，则存在垂直度误差，往间隙处塞入塞尺，塞入的塞尺厚度即为被测零件的垂直度误差值。一般用于垂直度精度要求不高的零件的测量。

【知识拓展】

（一）用百分表检测垂直度误差

1. 线对线垂直度误差的检测

图 5-2-7 所示为测量某零件两孔轴线的垂直度误差。测量时将心轴塞入零件孔中，用心轴的轴线模拟孔的轴线。先将基准心轴调整到与平板垂直，然后测量另一心轴，在测量距离为 L_2 的两个位置上测得的读数分别为 M_1 和 M_2，则垂直度误差为 $\frac{L_1}{L_2}|M_1 - M_2|$。$L_1$ 为被测孔轴线的长度。

2. 面对线垂直度误差的检测

图 5-2-8 所示为测量某零件端面对孔轴线的垂直度误差。测量时将零件套在心轴上，心轴固定在 V 形块内，基准孔轴线通过心轴由 V 形块模拟。用指示表测量被测端面上各点，指示表的最大读数与最小读数之差即为该端面的垂直度误差。

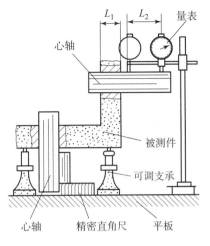

图 5-2-7　线对线的垂直度

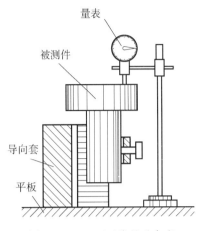

图 5-2-8　面对线的垂直度

二、用垂直度仪检测垂直度

垂直度仪是一种测量垂直度误差高精度测量仪，与杠杆百分表结合使用，其操作方法比较简单、测量精度较高。

将被测量件放置在平板上，并用靠铁靠紧，让杠杆百分表的测量头接触被测表面，同时将表进行调零，摇动垂直度仪，让测量头沿着被测表面上下移动，观察表针的变化，从而测量出被测表面的垂直度，如图 5-2-9 所示。

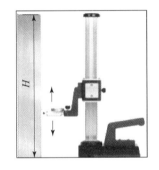

图 5-2-9　用垂直度仪检测垂直度

任务 3　使用杠杆百分表检测对称度误差

【任务目标】

知识目标：（1）了解位置公差、对称度的基本概念。

　　　　　（2）掌握杠杆百分表读数方法。

技能目标：（1）能根据被测零件尺寸的技术要求，选择合适的杠杆百分表。

　　　　　（2）学会正确、规范的使用杠杆百分表对零件平面与平面之间的对称度进行测量，并对零件的合格性进行判断。

【任务分析】

图 5-3-1 所示为铣工初级加工的典型零件，主要用于学生初级工鉴定。根据对图纸的技术要求分析：被测的 V 形部位和槽等对对称度误差要求较高；根据技术要求可知对称度公差的要求为 0.08、0.12。本任务主要是学习利用杠杆百分表对对称度进行检测并进行合

格性判断。

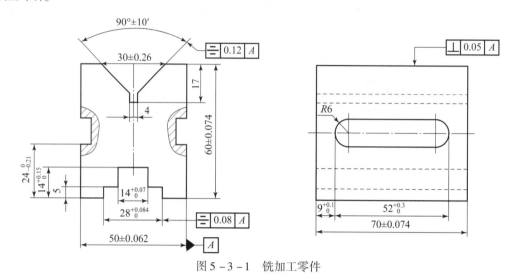

图 5 – 3 – 1　铣加工零件

【知识准备】

一、位置公差

位置公差是关联实际要素对基准要素在位置上允许的变动全量，它包括同轴度、同心度、对称度、位置度、线轮廓度和面轮廓度等。表 5 – 3 – 1 所示为位置公差特征及符号。

表 5 – 3 – 1　位置公差特征及符号

公差类型	几何特征	符号	有无基准
位置公差	位置度	⊕	有
	同轴（心）度	◎	有
	对称度	⹀	有
	线轮廓度	⌒	有
	面轮廓度	⌓	有

二、对称度的基本概念

（一）对称度公差

对称度指的是所加工尺寸的轴线或者中心面，必须位于距离为对称度要求的公差值范围内，且相对通过基准轴线的辅助平面对称的两个平行平面之间，属位置公差。

5 – 3 – 1　对称度

（二）对称度公差带

对称度公差带是指距离等于公差值，且相对于基准中心要素对称配置的两个平行平面所限定的区域。

1. 中心平面对中心平面的对称度

图 5 - 3 - 2 所示槽的中心平面对上、下面的中心平面 A 的对称度公差为 0.1 mm，则槽的中心平面必须位于距离为公差值 0.1 mm 且相对基准中心平面 A 对称配置的两个平行平面之间。

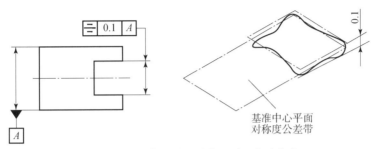

图 5 - 3 - 2　中心平面对中心平面的对称度

2. 中心平面对轴线的对称度

如图 5 - 3 - 3 所示，提取（实际）中心面应限定在间距等于 0.08 mm、对称于公共基准中心平面 A - B 的两个平行平面之间。

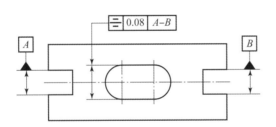

图 5 - 3 - 3　中心平面对轴线的对称度

（三）对称度误差

对称度误差是指实际被测中心要素对其理想要素的变动量，该理想要素与基准（中心平面、轴线或中心线）重合或者通过基准。合格条件是：对称度误差值不大于对称度公差值。

【任务实施】

一、测量内容、步骤和要求

（1）练习杠杆百分表的读数方法。

（2）分析图 5 - 3 - 1 所示零件的被测要素与基准要素。

（3）利用杠杆百分表检测对称度。

（4）处理测量数据以及评定对称度的合格性。

（5）填写测量报告并做好 5S 管理规范。

5 - 3 - 2　对称度检测

二、测量过程及测量报告（表5－3－2）

表5－3－2　测量过程及测量报告

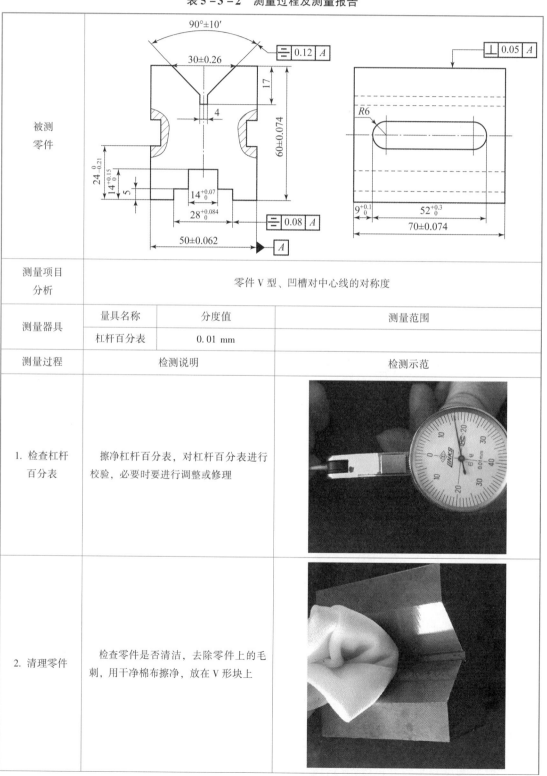

被测零件	零件V型、凹槽对中心线的对称度		
测量项目分析	零件V型、凹槽对中心线的对称度		
测量器具	量具名称	分度值	测量范围
	杠杆百分表	0.01 mm	
测量过程	检测说明		检测示范
1. 检查杠杆百分表	擦净杠杆百分表，对杠杆百分表进行校验，必要时要进行调整或修理		
2. 清理零件	检查零件是否清洁，去除零件上的毛刺，用干净棉布擦净，放在V形块上		

续表

测量过程	检测说明	检测示范
3. 检测对称度	选取其中一个测量面，利用杠杆百分表测量被测 V 形部位一侧面的高度，记录数据 $a1$、$a2$、$a3$ 三个位置的数据	
	将零件翻转 180° 后，利用杠杆百分表测量被测 V 形部位另一侧面的高度，记录数据 $c1$、$c2$、$c3$。将 $a1$ 与 $c1$、$a2$ 与 $c2$、$a3$ 与 $c3$ 对应点所测数值相减，取其中最大差值作为平面对称度误差	

测　点	$a1$	$c1$	$a2$	$c2$	$a3$	$c3$
读　数						
两点误差	$a1 - c1 =$		$a2 - c2 =$		$a3 - c3 =$	
对称度误差（0.08）	合格性判断					
读　数	$a1$	$c1$	$a2$	$c2$	$a3$	$c3$
两点误差	$a1 - c1 =$		$a2 - c2 =$		$a3 - c3 =$	
对称度误差（0.12）	合格性判断					

【任务总结】

（1）测量时，杠杆百分表指针必须垂直并轻压被测表面。

（2）测量点应尽量分布在全部被测量表面。

（3）使用完毕后要清洁量具，并上好油，放入盒内。

【知识拓展】

用杠杆百分表检测键槽对称度误差

图5-3-4所示为测量某轴上键槽中心平面对 ϕd 轴线的对称度误差。基准轴线由V形块模拟，键槽中心平面由定位块模拟。测量时用指示表调整零件，使定位块沿径向与平板平行并读数，然后将零件旋转180°后重复上述测量，取两次读数的差值作为该测量截面的对称度误差。按上述方法测量若干个轴截面，取其中最大的误差值作为该零件的对称度误差。

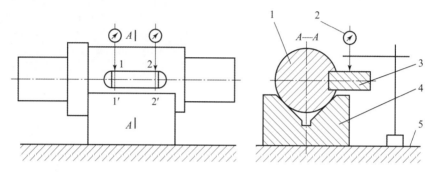

图5-3-4 用百分表检测对称度
1—零件；2—指示表；3—定位块；4—V形块；5—平板

 项目评价

学生应掌握平行度、垂直度、对称度的基础知识；能够对项目进行分析，针对三个任务选择合适的测量量具，设计一个能满足检测精度要求且具有低成本、高效率的检测方案，进行检测并进行合格性判断。通过过程性考核，采取自评、组评、他评的形式对学生完成任务的情况给予综合评价，见表5-1。

表5-1 项目评价

姓名		学号		组别			
评价项目	测量评价内容		分值	自评	组评	他评	得分
知识目标	平行度、垂直度、对称度等基本概念		6				
	杠杆百分表结构及原理		6				
	杠杆百分表的使用方法		6				
技能目标 任务1	杠杆百分表的读数方法		6				
	用杠杆百分表检测平行度的过程		8				
	数据处理及合格性判断		6				
技能目标 任务2	杠杆百分表的读数方法		6				
	用刀口角尺检测零件垂直度的过程		8				
	数据处理及合格性判断		6				

续表

评价项目	测量评价内容	分值	自评	组评	他评	得分
技能目标 任务 3	杠杆百分表的读数方法	6				
	用百分表检测对称度的过程	8				
	数据处理及合格性判断	6				
情感目标	出勤	4				
	纪律	4				
	团队协作	4				
	5S 规范	4				
	安全生产	6				
项目评价总结						

指导教师：　　　综合评价等级：

评估等级：A（分值≥90）、B（分值≥80）、C（分值≥60）、D（分值＜60）

1. 什么是平行度公差？什么是平行度公差带？什么是平行度误差？

2. 简述百分表检测平行度，线对线、面对面、线对面的平行度误差检测的方法。

3. 什么是垂直度公差？什么是垂直度公差带？什么是垂直度误差？

4. 角尺的规格有哪些？其精度等级有哪些？

5. 利用角尺检测垂直度时，如何与塞尺进行配合使用？

6. 什么是对称度公差？什么是对称度公差带？什么是对称度误差？

7. 用杠杆百分表检测对称度误差的注意点有哪些？

8. 简述键槽对称度的测量方法。

项目六 螺纹的检测

 项目需求

螺纹连接具有结构简单、装拆方便及连接可靠等优点，在机械制造和工程结构中应用甚广，大多数螺纹和螺纹零件均已被标准化。本项目主要是通过 2 个任务介绍螺纹的基本知识，螺纹的测量项目、测量方法及测量器具的选用等相关内容。通过学习相关知识和进行技能训练，学生能够熟悉螺纹测量的工作原理，掌握螺纹测量的方法和步骤。

 项目工作场景

1. 图纸准备，零件检测评价表
2. 测量训练物品准备

螺纹环规、螺纹塞规、螺纹千分尺、测量工作台、被测螺纹（内外螺纹零件各一组）、全棉布数块、防锈油、无水酒精等。

3. 实训准备

（1）工量具准备：领用工量具，将工量具摆放整齐，实训结束后按工量具清单清点工量具，交指导教师验收。

（2）熟悉实训要求：复习有关理论知识，详细阅读指导书，对实训要求的重点及难点内容在实训过程中认真掌握。

 方案设计

学生按照项目的技术要求，认真审阅各任务中被测件的测量要素及有关技术资料，明确检测项目。按照项目需求以及项目工作场景的设置，以及检测项目的具体要求和结构特点选择合适的量具和测量方法。检测方案设定为用环规和塞规对螺纹进行综合检测，用螺纹千分尺检测外螺纹中径。根据测量方案做好测量过程的数据记录，完成数据分析以及合格性判断，并对产生误差的原因进行分析和归纳。

 相关知识和技能

知识点：（1）掌握螺纹相关知识、螺纹量规知识。

（2）熟悉常用的测量工具（环规、塞规、螺纹千分尺等）的结构及工作原理，了解其适应范围，掌握其使用方法与测量步骤。

技能点：（1）学会正确、规范地使用螺纹量规对螺纹进行综合测量与判断。

（2）学会正确、规范地使用螺纹千分尺测量螺纹中径。

任务1　使用螺纹量规检测螺纹误差

【任务目标】

知识目标：（1）了解螺纹的基本参数。

（2）了解螺纹量规的基本概念。

（3）掌握螺纹量规的正确使用方法。

技能目标：学会正确、规范地使用螺纹量规检测螺纹误差并进行合格性判断。

【任务分析】

图6-1-1所示为螺纹配合件，该任务是检测车工训练中的内、外螺纹零件。螺纹各几何参数误差对螺纹的使用都会产生影响，因此必须对螺纹几何参数的误差进行检测。检测螺纹误差的方法可分为综合检验和单项测量两大类。本任务主要是学习使用螺纹量规综合检测螺纹参数并进行螺纹合格性判断。

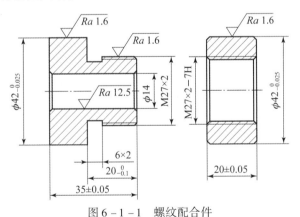

图6-1-1　螺纹配合件

【知识准备】

一、螺纹的分类及使用要求

螺纹按其牙型可分为三角形螺纹、梯形螺纹、锯齿形螺纹和矩形螺纹四种；按用途一般可分为紧固螺纹、传动螺纹和管螺纹等类型。

（一）紧固螺纹

紧固螺纹用于紧固或连接零件，如公制普通螺纹等。这是使用最广泛的一种螺纹结合。对这种螺纹结合的主要要求是可旋合性和连接的可靠性，如图6-1-2（a）所示。

（二）传动螺纹

传动螺纹用于传递动力或精确的位移，如丝杆等。对这种螺纹结合的主要要求是传递动力的可靠性或传动比的稳定性。这种螺纹结合要求有一定的保证间隙，以便传动及储存润滑油，如图6-1-2（b）所示。

（三）管螺纹

管螺纹用于密封的螺纹结合，对这种螺纹结合的主要要求是结合紧密，不漏水、漏气和漏油，如图6-1-2（c）所示。

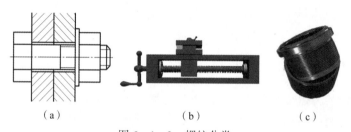

| (a) | (b) | (c) |

图6-1-2　螺纹分类

（a）紧固螺纹；（b）传动螺纹；（c）管螺纹

二、普通螺纹的几何参数

普通螺纹的基本几何参数如图6-1-3所示。

（一）大径（D，d）

大径（D，d）是与外螺纹牙顶或内螺纹牙底相切的假想圆柱面的直径。内、外螺纹大径的公称尺寸分别用符号 D 和 d 表示。国家标准规定，对于普通螺纹，大径即为其公称直径。普通螺纹的公称直径已系列化，可按标准选取，如图6-1-3所示。

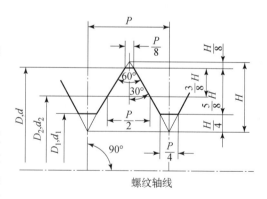

图6-1-3　普通螺纹的基本牙型

（二）小径（D_1，d_1）

普通螺纹的小径（D_1，d_1）是指与外螺纹牙底或内螺纹牙顶相重合的假想圆柱面的直径。内、外螺纹小径的公称尺寸分别用符号 D_1 和 d_1 表示。外螺纹的大径和内螺纹的小径统称顶径，外螺纹的小径和内螺纹的大径统称底径，如图6-1-3所示。普通螺纹的小径与其公称直径之间存在如下关系：

$$D_1 = D - 2 \times \frac{5}{8}H = D - 1.082\ 5P$$

$$d_1 = d - 2 \times \frac{5}{8}H = d - 1.082\ 5P$$

（三）中径（D_2，d_2）

中径（D_2，d_2）是一个假想圆柱的直径，该圆柱的母线通过螺纹牙型上沟槽和凸起宽度相等的地方。内、外螺纹中径的公称尺寸分别用符号 D_2 和 d_2 表示，如图 6-1-3 所示。普通螺纹的中径与其公称直径之间有如下关系：

$$D_2 = D - 2 \times \frac{3}{8}H = D - 0.649\ 5P$$

$$d_2 = d - 2 \times \frac{3}{8}H = d - 0.649\ 5P$$

（四）单一中径（D_{2a}，d_{2a}）

普通螺纹的单一中径是指一个母线通过牙型上沟槽宽度等于 1/2 基本螺距的假想圆柱的直径。当没有螺距误差时，单一中径与中径的数值相等；有螺距误差的螺纹，其单一中径与中径数值不相等，如图 6-1-4 所示。图中 ΔP 为螺距误差。

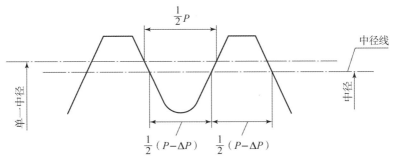

图 6-1-4 螺纹单一中径

（五）螺距（P）与导程（P_h）

螺距（P）是指相邻两牙在中径线上对应两点间的轴向距离。

导程是指同一条螺旋线上相邻两牙在中径线上对应两点间的轴向距离，用 P_h 表示，如图 6-1-5 所示。

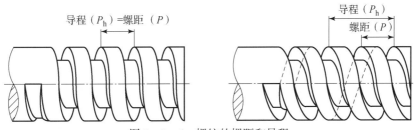

图 6-1-5 螺纹的螺距和导程

（六）牙型角（α）、牙型半角（α/2）

牙型角是指在螺纹牙型上两相邻牙侧间的夹角。普通螺纹理论牙型角 α 为 60°。牙型半角是指牙型角的一半。普通螺纹理论牙型半角 α/2 为 30°，如图 6 - 1 - 6 所示。

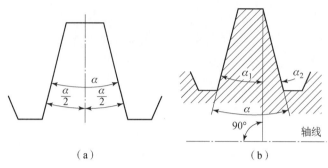

（a）　　　　　　　（b）

图 6 - 1 - 6　牙型角、牙型半角

（七）螺纹旋合长度及螺纹接触高度

螺纹旋合长度是指两个相互配合的螺纹沿螺纹轴线方向相互旋合部分的长度，如图 6 - 1 - 7 所示。标准规定将螺纹的旋合长度分为三组，即短旋合长度（S）、中等旋合长度（N）和长旋合长度（L）。螺纹接触高度是指两个相互配合的螺纹牙型上牙侧重合部分在垂直于螺纹轴线方向上的距离。

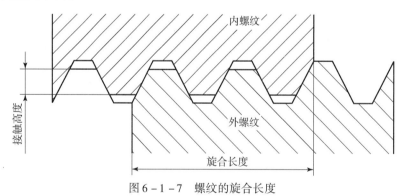

图 6 - 1 - 7　螺纹的旋合长度

三、螺纹的标记

螺纹的完整标记由螺纹代号、螺纹公差带代号和旋合长度代号组成，各代号之间用短线隔开。螺纹公差带代号包括中径公差带代号与顶径公差带代号。旋合长度代号有 S、N、L，即表示短旋合长度、中等旋合长度和长旋合长度，如 M10 - 5g6g - 30，M10 × 1 - 6H - N。

（一）普通螺纹标记内容及含义

普通螺纹完整标记由"螺纹代号 - 公差带代号 - 旋合长度代号"三部分组成。

1. 螺纹代号

螺纹代号由螺纹特征代号（M）、公称直径 × 螺距、旋向组成。

普通粗牙螺纹的螺距不标注。左旋螺纹用"LH"，右旋螺纹不标注。

2. 公差带代号

公差带代号由中径公差带代号和顶径公差带代号组成。

中径公差带代号和顶径公差带代号相同，则只标一个代号；若中径公差带代号和顶径公差带代号不同，则分别注出。表示内、外螺纹配合时，内螺纹公差带代号在前，外螺纹公差带代号在后，中间用"/"分开。

3. 旋合长度代号

短旋合长度用"S"表示，长旋合长度用"L"，中等旋合长度一般不标注。有特殊需要时，可注明旋合长度数值。

普通螺纹标记含义：

M16 – 6g：表示普通粗牙螺纹，公称直径为 16 mm，右旋，外螺纹中径和顶径公差带代号均为 6 g，中等旋合长度。

M16×1.5 – 6H/5g6g – 40：表示普通细牙螺纹，公称直径为 16 mm，螺距为 1.5 mm，右旋；内、外螺纹配合，内螺纹中径和顶径公差带代号均为 6H；外螺纹中径公差带代号为 5 g，顶径公差带代号为 6 g；旋合长度为 40 mm。

（二）普通螺纹标记在图纸上的标注方法

普通的内、外螺纹标记都应该被标注在螺纹的大径上，如图 6 – 1 – 8 所示。

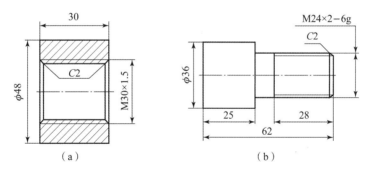

图 6 – 1 – 8　普通螺纹的标注

（a）内螺纹；（b）外螺纹

四、螺纹量规

在实际生产中，主要用螺纹极限量规控制螺纹零件的极限轮廓和极限尺寸，以保证螺纹的互换性。在成批大量生产中均采用综合测量。

（一）螺纹塞规

螺纹塞规包括通规和止规。通规具有完整的牙型，长度等于被检测螺纹的旋合长度。止规的牙型做成截短型牙型，且只做出 2 ~ 3.5 牙，如图 6 – 1 – 9 所示。

通端T   止端Z

图 6 - 1 - 9　螺纹塞规

1. 通端塞规（T）

通端塞规首先用来检验内螺纹的作用中径，其次是控制内螺纹大径的最小极限尺寸，因此，应有完整的牙型和标准的旋合长度（8 个牙）。合格的内螺纹应被通端塞规顺利旋入，这样就保证了内螺纹的中径和大径不小于它的最小极限尺寸。

2. 止端塞规（Z）

止端塞规用来检验内螺纹单一中径一个参数。为了减少牙型半角和螺距累积误差的影响，止端牙型应做成截断的不完整牙型，即缩短旋合长度到 2～2.5 牙。合格的内螺纹不应通过止端塞规，但允许旋入一部分，这些没有完全旋入止端塞规的内螺纹，说明它的单一中径没有大于中径的最大极限尺寸。

（二）螺纹环规

螺纹环规包括通规和止规，通规的长度等于被检测螺纹的旋合长度，止规只做出 2～3.5 牙，如图 6 - 1 - 10 所示。

1. 通端环规（T）

通端环规用来检验外螺纹作用中径，其次是控制外螺纹小径的最大极限尺寸。因此，通端应有完整的牙型和标准的旋合长度。合格的外螺纹应被通端环规顺利旋入，这样就保证了外螺纹的作用中径和小径不大于它的最大极限尺寸。

2. 止端环规（Z）

止端环规用来检验外螺纹单一中径一个参数。和止端塞规同理，止端环规的牙型应截短，旋合长度应缩短，合格的外螺纹不

图 6 - 1 - 10　螺纹环规

应通过止端，但允许旋入一部分，这些没有完全被旋入的外螺纹，说明它的单一中径不小于小径的最小极限尺寸。

【任务实施】

一、测量内容、步骤和要求

（1）能够进行量规的正确选择。

（2）掌握利用量规对螺纹进行综合测量的方法、步骤。

（3）处理测量数据以及评定各尺寸的合格性。

（4）填写测量报告并做好 5S 管理规范。

二、测量过程及测量报告（表6-1-1）

表6-1-1 测量过程及测量报告

被测零件	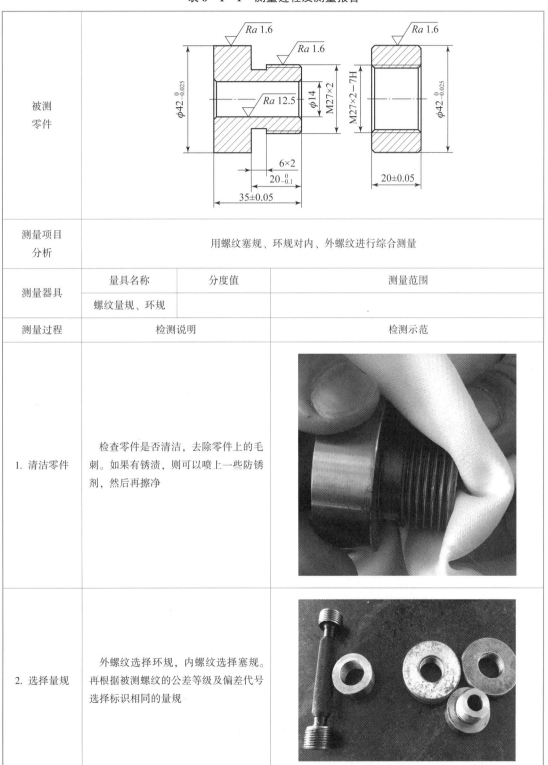		
测量项目分析	用螺纹塞规、环规对内、外螺纹进行综合测量		
测量器具	量具名称	分度值	测量范围
	螺纹量规、环规		
测量过程	检测说明		检测示范
1. 清洁零件	检查零件是否清洁，去除零件上的毛刺。如果有锈渍，则可以喷上一些防锈剂，然后再擦净		
2. 选择量规	外螺纹选择环规，内螺纹选择塞规。再根据被测螺纹的公差等级及偏差代号选择标识相同的量规		

测量过程	检测说明	检测示范
3. 外螺纹检测	在旋合长度内，首先将螺纹塞规通端旋入内螺纹，观察是否可以顺利旋入（T）	
	将螺纹塞规的止端旋入内螺纹，若仅能旋进 2~3 牙，就不能通过（Z）	
4. 内螺纹检测	在旋合长度内，首先将螺纹环规通端旋入外螺纹，观察是否可以顺利旋入（T）	
	将螺纹环规的止端旋入外螺纹，若仅能旋进 2~3 牙，就不能通过（Z）	

续表

被测值	自检		自检		合格性判断
	T	Z	T	Z	
M27×2					
M27×2−7H					

【任务总结】

（1）普通螺纹小径和中径的尺寸可由公式计算，也可在 GB/T 196—2003《普通螺纹公称尺寸》的表中查取。

（2）单一中径代表螺纹中径的实际尺寸，螺纹单项测量中所测得的中径尺寸一般为单一中径的尺寸。

（3）对于单线螺纹，导程等于螺距；对于多线螺纹，导程等于螺距与螺纹线数的乘积。

（4）即使牙型角没有误差，牙型半角也可能会有误差。

（5）螺纹有左旋和右旋之分。

【知识拓展】

1. 用螺纹样块检测

螺纹样块是一种带有不同螺距的基本牙型的薄片。常用的螺纹样块有普通螺纹样块和英制螺纹样块两种，普通螺纹样块的牙型角为 60°，英制螺纹样块的牙型角为 55°，如图 6−1−11 所示。测量螺纹螺距时，先选取与零件螺距相近的螺纹样块，卡在被测零件螺纹上，如果不密合，则另换一片，直到密合为止，这时该螺纹样块上标记的尺寸即为被测螺纹零件的螺距。

图 6−1−11　螺纹样块

2. 用特殊螺纹规检测螺纹参数

在实际加工过程中，我们会选用特殊制造的螺纹规来检测螺纹切削刀具的角度和螺距等。图 6−1−12 所示为螺纹规。

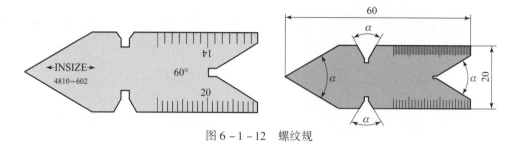

图 6 - 1 - 12　螺纹规

任务 2　使用螺纹千分尺检测螺纹中径误差

【任务目标】

知识目标：（1）了解螺纹公差及其配合的基础知识。

（2）了解螺纹千分尺的工作原理。

（3）掌握螺纹千分尺的正确使用方法。

技能目标：学会正确、规范地使用螺纹千分尺检测螺纹中径误差并进行合格性判断。

【任务分析】

如图 6 - 2 - 1 所示，该任务选择的是端架翻转钻夹具中的螺纹轴。它主要是通过双头螺柱来进行装夹、夹紧。任务中主要有 M16、M16 - 7h 螺纹。在制造中，螺纹中径误差将直接影响螺纹的旋合性和结合强度，因此是影响螺纹互换性的主要参数。本任务主要是学习使用螺纹千分尺对螺纹进行螺纹中径的检测并进行螺纹合格性的判断。

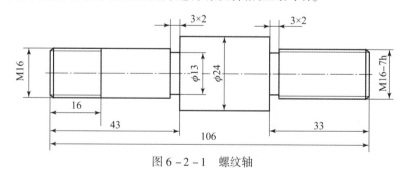

图 6 - 2 - 1　螺纹轴

【知识准备】

一、普通螺纹的公差与配合

（一）普通螺纹公差带

普通螺纹公差带是牙型公差带，以基本牙型的轮廓为零线，沿着螺纹牙型的牙侧、牙顶和牙底分布，并在垂直于螺纹轴线方向计量大、中、小径的偏差和公差。

国标 GB/T 197—2003 对内螺纹的公差带规定了 G 和 H 两种位置，如图 6 - 2 - 2（a）所示。对外螺纹的公差带规定了 e、f、g、h 四种位置，如图 6 - 2 - 2（b）所示。

螺纹公差带由其相对于基本牙型的位置因素和大小因素组成。

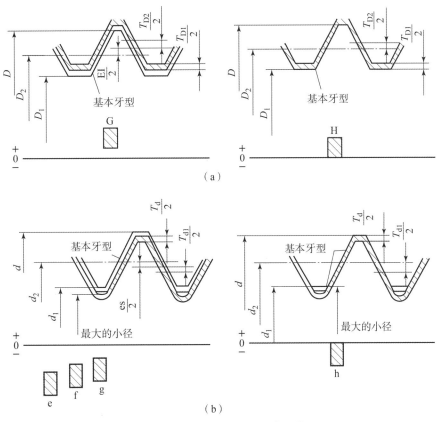

图 6 - 2 - 2　内、外螺纹公差带的位置

（a）内螺纹公差带的位置；（b）外螺纹公差带的位置

（二）普通螺纹基本偏差

内螺纹的公差带在基本牙型零线以上，以下极限偏差（EI）为基本偏差，H 的基本偏差为零，G 的基本偏差为正值。外螺纹的公差带在基本牙型以下，以上极限偏差（es）为基本偏差，h 的基本偏差为零，e、f、g 的基本偏差为负值。从表 6 - 2 - 1 中可以看出，除 H 和 h 外，其余基本偏差数值均与螺距有关。

表 6 - 2 - 1　内、外螺纹的基本偏差

螺距 P/mm	基 本 偏 差/μm					
	内螺纹（D_1，D_2）		外螺纹（d，d_2）			
	G（EI）	H（EI）	e（es）	f（es）	g（es）	h（es）
0.75	+22	0	−56	−38	−22	0
0.8	+24	0	−60	−38	−24	0

续表

螺距 P/mm	基本 偏 差/μm					
	内螺纹（D_1，D_2）		外螺纹（d，d_2）			
	G（EI）	H（EI）	e（es）	f（es）	g（es）	h（es）
1	+26	0	-60	-40	-26	0
1.25	+28	0	-63	-42	-28	0
1.5	+32	0	-67	-45	-32	0
1.75	+34	0	-71	-48	-34	0
2	+38	0	-71	-52	-38	0
2.5	+42	0	-80	-58	-42	0
3	+48	0	-85	-63	-48	0
3.5	+53	0	-90	-70	-53	0
4	+60	0	-95	-75	-60	0
4.5	+63	0	-100	-80	-63	0
5	+71	0	-106	-85	-71	0

（三）普通螺纹公差等级

标准规定螺纹公差带的大小由公差值 T 确定，并按其大小分为若干等级。内、外螺纹的中径和顶径（内螺纹的小径 D_1、外螺纹的大径 d）的公差等级见表 6-2-2。

表 6-2-2　螺纹公差等级

螺纹直径	公差等级	螺纹直径	公差等级
内螺纹小径 D_1	4，5，6，7，8	外螺纹大径 d	4，6，8
内螺纹中径 D_2	4，5，6，7，8	外螺纹中径 d_2	3，4，5，6，7，8，9

普通螺纹顶径公差数值见表 6-2-3。从表中可以看出螺纹顶径的公差值除与公差等级有关外，还与螺距的大小有关。

表 6-2-3　普通螺纹顶径公差

螺距 P/mm	内螺纹顶径（小径）公差 T_{D1}/μm					外螺纹顶径（大径）公差 T_d/μm		
	公 差 等 级							
	4	5	6	7	8	4	6	8
0.75	118	150	190	236	—	90	140	—
0.8	125	160	200	250	315	95	150	236
1	150	190	236	300	375	112	180	280
1.25	170	212	265	335	425	132	212	335
1.5	190	236	300	375	475	150	236	375
1.75	212	265	335	425	530	170	265	425
2	236	300	375	475	600	180	280	450

续表

螺距 P/mm	内螺纹顶径（小径）公差 $T_{D1}/\mu m$					外螺纹顶径（大径）公差 $T_d/\mu m$		
	公差等级							
	4	5	6	7	8	4	6	8
2.5	280	355	450	560	710	212	335	530
3	315	400	500	630	800	236	375	600
3.5	355	450	560	710	900	265	425	670
4	375	475	600	750	950	300	475	750
4.5	425	530	670	850	1060	315	500	800
5	450	560	710	900	1120	335	530	850

普通螺纹中径公差值见表 6-2-4。从表中可看出螺纹中径的公差值除与公差等级有关外，还与螺纹的公称直径和螺距有关。

表 6-2-4 螺纹中径公差（T_{D_2}）

公称直径 D/mm >	公称直径 D/mm ≤	螺距 P/mm	内螺纹中径公差（$T_{D_2}/\mu m$）					外螺纹中径公差（$T_{d_2}/\mu m$）				
			公差等级									
			4	5	6	7	8	4	5	6	7	8
5.6	11.2	0.5	71	90	112	140	—	53	67	85	106	—
		0.75	85	106	132	170	—	63	80	100	125	—
		1	95	118	150	190	236	71	90	112	140	180
		1.25	100	125	160	200	250	75	95	118	150	190
		1.5	112	140	180	224	280	85	106	132	170	212
11.2	22.4	0.5	75	95	118	150	—	56	71	90	112	—
		0.75	90	112	140	180	—	67	85	106	132	—
		1	100	125	160	200	250	75	95	118	150	190
		1.25	112	140	180	224	280	85	106	132	170	212
		1.5	118	150	190	236	300	90	112	140	180	224
		1.75	125	160	200	250	315	95	118	150	190	236
		2	132	170	212	265	335	100	125	160	200	250
		2.5	140	180	224	280	355	106	132	170	212	265
22.4	45	0.75	95	118	150	190	—	71	90	112	140	—
		1	106	132	170	212	—	80	100	125	160	200
		1.5	125	160	200	250	315	95	118	150	190	236
		2	140	180	224	280	355	106	132	170	212	265
		3	170	212	265	335	425	125	160	200	250	315
		3.5	180	224	280	335	450	132	170	212	265	335
		4	190	236	300	375	475	140	180	224	280	355

二、普通螺纹公差表、偏差表的应用

根据螺纹标记，由表 6 – 2 – 1 查出内、外螺纹中径、顶径的基本偏差 EI 或 es，再由表 6 – 2 – 3、表 6 – 2 – 4 查出中径、顶径的公差值，则可用公式 ES = EI + T 或 ei = es – T 计算出另一极限偏差。也可以由附表五直接查出内、外螺纹中径、顶径的极限偏差。

例：查表确定 M20 × 2 – 5g6g 细牙普通螺纹的中径、大径极限偏差，并计算其极限尺寸。

解：（1）确定外螺纹大径、中径的公称尺寸。

由标记可知螺纹的公称直径为 20 mm，即 $d = 20$ mm。

从普通螺纹基本牙型各参数中的关系可知：

$$d_1 = d - 1.082\,5P = 20 - 1.082\,5 \times 2 = 17.835 \;(\text{mm})$$
$$d_2 = d - 0.649\,5P = 20 - 0.649\,5 \times 2 = 18.701 \;(\text{mm})$$

（2）查出极限偏差。

根据公称直径、螺距和公差带代号，由附表五查出：

外螺纹中径 d_2（5g）：es = – 38 μm = – 0.038 mm

ei = – 163 μm = – 0.163 mm

外螺纹大径 d_2（6 g）：es = – 38 μm = – 0.038 mm

ei = – 318 μm = – 0.318 mm

（3）计算外螺纹的极限尺寸。

$$d_{2\max} = d_2 + \text{es} = 18.701 + (-0.038) = 18.663 \text{ mm}$$
$$d_{2\min} = d_2 + \text{ei} = 18.701 + (-0.163) = 18.538 \text{ mm}$$
$$d_{\max} = d + \text{es} = 20 + (-0.038) = 19.962 \text{ mm}$$
$$d_{\min} = d + \text{ei} = 20 + (-0.318) = 19.682 \text{ mm}$$

三、螺纹的选用公差带与配合

由 GB/T 197—2003 提供的各个公差等级的公差和基本偏差，可以组成内、外螺纹的各种公差带。螺纹公差带代号同样由表示公差等级的数字和表示基本偏差的字母组成。它与光滑圆柱形零件的公差带代号的区别在于其公差等级数字在前，基本偏差字母在后，如 6H、6g 等。

在生产中，如果全部使用上述各种公差带，则将给量具、刃具的生产、供应及螺纹的加工和管理造成很多困难。为了减少量具、刃具的规格和数量，标准推荐了一些常用公差带作为选用公差带，并在其中给出了"优先""其次""尽可能不用"的选用顺序，见表 6 – 2 – 5。

表 6 – 2 – 5　普通螺纹推荐公差带（摘自 GB/T 197—2003）

精　度	内螺纹推荐公差带			外螺纹推荐公差带		
	S	N	L	S	N	L
精　密	4H	5H	6H	（3h4h）	（4g） 4h *	（5g4g） （5h4h）

续表

精 度	内螺纹推荐公差带			外螺纹推荐公差带		
	S	N	L	S	N	L
中 等	5H (5G)	6H * 6G *	7H * 7G *	(5g6g) (5h6h)	6g 6e 6f 6h	(7e6e) (7g6g) (7h6h)
粗 糙	—	7H (7G)	8H (8G)	—	8e 8g	(9e8e) (9g8g)

注：表中公差带的选择顺序为：带"﹡"的公差带、不带"﹡"的公差带、括号内公差带。带方框并带"﹡"的公差带用于大量生产的紧固件螺纹。

从表中可以看出，对内、外螺纹，按精密、中等、粗糙三个精度等级列出了 S 组、N 组、L 组三种旋合长度下的选用公差带。表中只有一种公差带代号的，表示中径公差带和顶径（即外螺纹大径 d 或内螺纹小径 D_1）公差带相同；有两种公差带代号的，前者表示中径公差带，后者表示顶径公差带。

选用时，通常可按以下原则考虑：

精密级：用于精密螺纹，当要求配合性质变动较小时选用。

中等级：应用于一般用途。

粗糙级：对精度要求不高或制造比较困难时选用。

从理论上讲，内外螺纹的公差带可以任意组合，但为了保证足够的接触高度，完工后的螺纹最好组成 H/h、H/g 或 G/h 的配合。一般常用 H/h 配合（最小间隙为零），H/g、G/h 配合常用于要求易装拆或高温下工作的螺纹。

四、螺纹千分尺

图 6 - 2 - 3 所示为螺纹千分尺，其工作原理与外径千分尺相同，其外形与外径千分尺相似，只是在两个测量头处，将其外形制成能与螺纹牙型相吻合的外形。一端呈 V 形，和牙厚相吻合；一端呈圆锥形，和牙型沟槽相吻合。

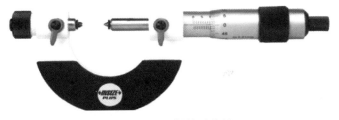

图 6 - 2 - 3 螺纹千分尺

如图 6 - 2 - 4 所示，螺纹千分尺有一套可换测量头，每对测量头只能用来测量一定螺距范围的螺纹，不同的螺距应采用不同的测量头。测量头是根据标准牙型角和基本螺距制造的，测量所得是螺纹的单一中径，它不包括螺纹螺距和牙型角误差的补偿值。当被测量的螺纹存在螺距误差和牙型半角误差时，测量头与被测螺纹就不能很好地吻合，测出的单一中径数值误差就会较大，一般在 0.05 ~ 0.20 mm。因此，螺纹千分尺只能用于低精度螺纹或工序间的检验。

图 6 - 2 - 4　螺纹千分尺的测量头

【任务实施】

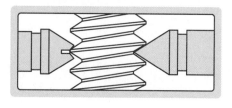

一、测量内容、步骤和要求

（1）练习螺纹千分尺的读数方法。

（2）掌握利用螺纹千分尺检测螺纹中径的方法、步骤。

（3）处理测量数据以及评定各尺寸的合格性。

（4）填写测量报告并做好 5S 管理规范。

6 - 2 - 1　螺纹
中径检测

二、测量过程及测量报告（表 6 - 2 - 6）

表 6 - 2 - 6　测量过程及测量报告

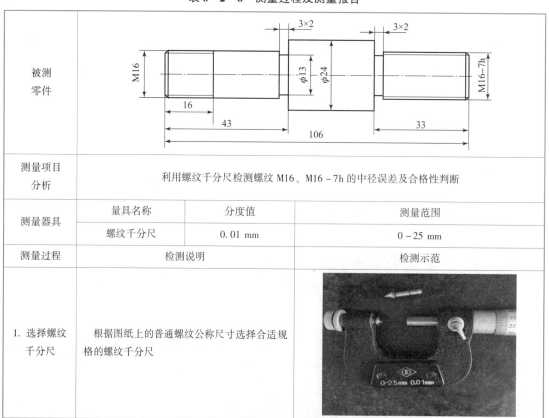

被测零件			
测量项目分析	利用螺纹千分尺检测螺纹 M16、M16 - 7h 的中径误差及合格性判断		
测量器具	量具名称	分度值	测量范围
	螺纹千分尺	0.01 mm	0 ~ 25 mm
测量过程	检测说明	检测示范	
1. 选择螺纹千分尺	根据图纸上的普通螺纹公称尺寸选择合适规格的螺纹千分尺		

续表

测量过程	检测说明	检测示范
2. 清洁零件	检查零件是否清洁，去除零件上的毛刺，用干净棉布擦净。如果有锈渍，就喷上一些防锈剂后再擦净	
3. 清理量具	将测量头和测量头孔擦干净，清理干净被测螺纹的油污及杂质	
4. 选择测量头型号	根据被测螺纹螺距大小为螺纹千分尺选择合适的测量头型号，装入螺纹千分尺，调整"0"位	
5. 测量读数	要使测量头中心线和螺纹中心线位于同一平面内。应使 V 型测量头、锥型测量头同时与螺纹接触好，从螺纹千分尺中读取其值并记录在测量报告中	

被测值		测量值/mm			平均值	合格性判断
		测值 1	测值 2	测值 3		
M16	上极限偏差					
	下极限偏差					
M16 - 7h	上极限偏差					
	下极限偏差					

【任务总结】

（1）读数时，眼睛要正视量具，不能歪斜，以免产生测量误差。

（2）测量结束后要将螺纹千分尺放平，否则尺身易产生弯曲变形。

（3）使用完毕后，要清洁卡尺，并上好油，放入盒内。

（4）应为螺纹千分尺定期更换测量头，更换后必须重新校准千分尺"0"位。

【知识拓展】

（一）用三针法测量外螺纹中径

三针法是将三根直径相同的量针，放在螺纹牙沟槽的中间，用外径千分尺或测长仪测出三根量针与外素线之间的跨距 M，根据已知的螺距 P、牙型半角 $\alpha/2$ 及量针直径 d_0 的数值算出螺纹中径 d_2，如图 6 - 2 - 5 所示。

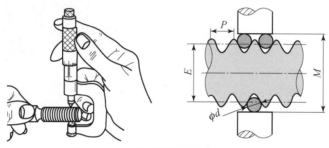

图 6 - 2 - 5　用三针测量螺纹中径示意

普通螺纹外螺纹中径 d_2 的计算公式为：

$$d_2 = M - 3d_0 + 0.866P$$

用三针法测量时，应根据螺距大小选用适当的量针直径，量针应与螺纹牙侧相切并凸出牙槽。最佳直径的量针与螺纹牙侧的切点恰好位于中径上，如图 6 - 2 - 6 所示。选用量针时应尽量接近最佳值，以获得较高的测量精度。

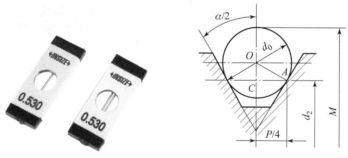

图 6 - 2 - 6　最佳量针

测量普通螺纹时的量针最佳直径：

$$d_{0(最佳)} = \frac{P}{\sqrt{3}} = 0.577P$$

（二）大型工具显微镜

大型工具显微镜用于测量螺纹量规、螺纹刀具、齿轮滚刀以及样块等。它分为小型、大型、万能和重型四种形式。它们的测量精度和测量范围虽各不相同，但基本原理相似。

大型工具显微镜的外形如图 6 - 2 - 7 所示。它主要由目镜、工作台、底座、支座、立柱、悬臂和千分尺等部分组成。转动手轮，可使立柱绕支座左右摆动；转动千分尺，可使工作台纵、横向移动；转动手轮，可使工作台绕轴心线旋转。

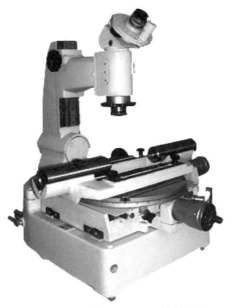

图 6 - 2 - 7　大型工具显微镜的外形

 项目评价

　　学生应掌握螺纹几何参数的基础知识；能够对项目进行分析，针对两个任务选择合适的测量量具，设计一个能满足检测精度要求且具有低成本、高效率的检测方案，进行检测并进行合格性判断。通过过程性考核，采取自评、组评、他评的形式对学生完成任务的情况给予综合评价，见表 6 - 1。

表 6 - 1　项目评价

姓名		学号		组别		
评价项目	测量评价内容		分值	自评	组评	他评	得分
知识目标	螺纹、螺纹公差、配合等基本概念		5				
	螺纹量规、螺纹千分尺的结构及原理		8				
	各种量具的使用方法		6				
技能目标 任务1	螺纹量规的种类		6				
	量具的正确选择、校零		8				
	用螺纹量规检测零件尺寸的过程		10				
	数据处理及合格性判断		10				
技能目标 任务2	千分尺的读数方法		6				
	量具的正确选择、校零		6				
	用千分尺检测零件尺寸的过程		15				
	数据处理及合格性判断		10				

续表

评价项目	测量评价内容	分值	自评	组评	他评	得分
情感目标	出勤	2				
	纪律	2				
	团队协作	2				
	5S 规范	2				
	安全生产	2				
项目评价总结						

指导教师：　　综合评价等级：

评估等级：A（分值≥90）、B（分值≥80）、C（分值≥60）、D（分值＜60）

思考与练习

1. 什么是外螺纹？什么是内螺纹？
2. 根据螺纹牙型角的不同，螺纹可以分成哪几类？
3. 普通螺纹的几何参数有哪些？分别代表的是什么意义？
4. 请写出 M30×1.5−6H、M20×1.5−6H/6g−35 螺纹标注的含义。
5. 简述螺纹量规的工作原理及使用方法。
6. 螺纹公差等级有哪些？
7. 简述螺纹千分尺的工作原理及操作方法。
8. 螺纹千分尺的测量头选用原则是什么？
9. 试用三针法检测螺纹中径误差。

项目七 表面粗糙度的检测

项目需求

机械零件的破坏一般总是从表面开始的，零件的表面质量是保证机械产品质量的基础，直接影响零件的耐磨性、耐疲劳性、耐腐蚀性以及零件的配合质量。零件的表面质量对零件的功能要求、使用寿命产生重大的影响。

本项目主要是通过两个任务介绍表面粗糙度的基本知识，掌握用表面粗糙度比较样块测量表面粗糙度的方法。通过学习相关知识和进行技能训练，学生能够熟悉表面粗糙度的基本术语以及表面粗糙度测量的步骤和方法。

项目工作场景

1. 图纸准备，零件检测评价表
2. 测量训练物品准备
   表面粗糙度比较样块、无水酒精等。
3. 实训准备
   （1）工量具准备：领用工量具，将工量具摆放整齐，实训结束时按工量具清单清点工量具，交指导教师验收。
   （2）熟悉实训要求：复习有关理论知识，详细阅读指导书，对实训要求的重点及难点内容在实训过程中认真掌握。

方案设计

学生按照项目的技术要求，认真审阅各任务中被测件的测量要素及有关技术资料，明确检测项目。按照项目需求和项目工作场景的设置，以及零件的加工方式、表面粗糙度的技术要求选择合适的量具和测量方法。检测方案设定为采用表面粗糙度比较样块进行比较测量。根据测量方案做好测量过程的数据记录，完成数据分析以及合格性判断，并对产生误差的原因进行分析和归纳。

相关知识和技能

知识点：（1）理解表面粗糙度的有关术语和参数。

（2）掌握表面粗糙度的标注方法和选用原则。

（3）掌握运用比较法评定表面粗糙度的方法。

技能点：（1）学会正确、规范地使用粗糙度比较样块检测粗糙度。

（2）学会正确、规范地对表面粗糙度进行合格性判断。

任务 1　了解表面粗糙度的基本概念及参数

【任务目标】

知识目标：（1）理解表面粗糙度的有关术语和参数。

（2）掌握表面粗糙度的标注方法和选用原则。

技能目标：能正确识读表面粗糙度符号以及正确标注。

【任务分析】

图 7-1-1 所示为零件图样上的表面粗糙度标注。本任务主要是学习表面粗糙度的相关术语和参数，能够正确地识读表面粗糙度符号的意义。

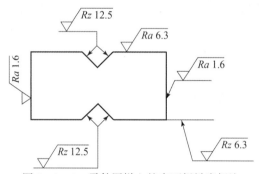

图 7-1-1　零件图样上的表面粗糙度标注

【知识准备】

一、表面粗糙度概念

用机械加工或者其他方法获得的零件表面，在微观上总会存在较小间距的峰、谷痕迹，如图 7-1-2 所示。表面粗糙度是指零件的加工表面上具有的较小间距和峰、谷所形成的微观几何形状特性。

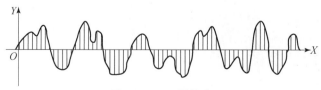

图 7-1-2　粗糙度

表面粗糙度反映的是实际表面几何形状误差的微观特性，有别于表面波纹度和形状误差。三者通常以波距（相邻两波峰或两波谷之间的距离）的大小来划分，也有按波距与波高之比来划分的。波距小于 1 mm 的属于表面粗糙度（表面微观形状误差）；波距在 1 ~ 10 mm 的属于表面波纹度；波距大于 10 mm 的属于形状误差。

二、表面粗糙度的评定

为了提高产品质量，促进互换性生产，我国制定了表面粗糙度国家标准。这些标准规定了表面粗糙度的术语、表面及其参数（GB/T 3505—2000）、表面粗糙度参数及其数值（GB/T 1031—2009）和机械制图表面粗糙度符号、代号及其注法（GB/T 131—2006）。

（一）主要术语及定义

1. 取样长度（l）

取样长度是用于判别具有表面粗糙度特征的一段基准线长度。在取样长度内一般不少于 5 个以上的轮廓峰和轮廓谷。

2. 评定长度（l_n）

评定长度是指评定轮廓表面所必需的一段长度。由于被加工表面粗糙度不一定很均匀，所以为了合理、客观地反映表面质量，评定长度往往包含几个取样长度。

如果加工表面比较均匀，则可取 $l_n < 5l$；若表面不均匀，则取 $l_n > 5l$；一般取 $l_n = 5l$，如图 7 – 1 – 3 所示。

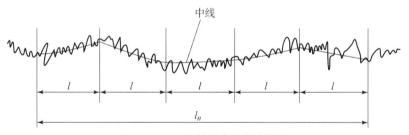

图 7 – 1 – 3　取样长度和评定长度

（二）表面粗糙度的评定参数

1. 轮廓算术平均偏差 Ra

在取样长度内，轮廓偏距绝对值的算术平均值称为轮廓算术平均偏差，如图 7 – 1 – 4 所示。

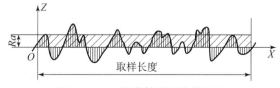

图 7 – 1 – 4　轮廓算术平均偏差 Ra

Ra 参数能较充分反映表面微观几何形状，其值越大，表面越粗糙。其表达式近似为：

$$Ra = \frac{1}{n} \sum_{i=1}^{n} |Z_t|$$

2. 轮廓最大高度 Rz

在取样长度内，轮廓峰顶线与轮廓谷底线之间的距离称为轮廓最大高度，如图 5 – 1 – 5 所示。

Rz 的值越大，说明表面越粗糙。但是它不如 Ra 对表面粗糙度反映得客观全面。

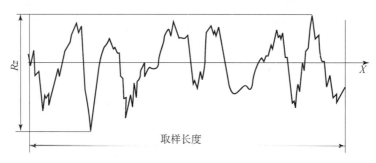

图 7 – 1 – 5　轮廓最大高度 Rz

三、表面粗糙度的符号及标注

(一) 表面粗糙度的符号

表面粗糙度的评定参数及其数值确定后，应按 GB/T 131—2006 的规定，把表面粗糙度的要求正确地标注在零件图上。图样上所标注的表面粗糙度符号见表 7 – 1 – 1。当零件表面仅需要加工（采用去除材料的方法或不去除材料的方法），但对表面粗糙度的其他规定没有要求时，允许在图样上只标注表面粗糙度。

表 7 – 1 – 1　表面粗糙度符号

符号名称	符号	含义
基本图形符号		由两条不等长的与标注表面成60°夹角的直线构成，仅用于简化代号标注，没有补充说明时不能单独使用
扩展图形符号		在基本图形符号上加一短横，表示指定表面用去除材料的方法获得，如通过车、铣、磨、电加工等机械加工获得的表面
		在基本图形符号上加一圆圈，表示指定表面用非去除材料的方法获得，如铸、锻、冲压变形、热轧、粉末冶金等
完整图形符号		当要求标注表面结构特征的补充信息时，应在图形符号的长边上加一横线

（二）表面粗糙度的标注

1. 表面粗糙度的各项要求在完整图形符号上的标注位置

为了明确表面粗糙度的要求，除了标注表面粗糙度参数和数值外，必要时还应标注补充要求，补充要求包括传输带、取样长度、加工工艺、表面纹理及方向、加工余量等。

表面粗糙度的完整图形符号及补充要求的注写位置如图 7-1-6 所示。单一要求和补充要求的注写位置分别用字母 a～e 代表。

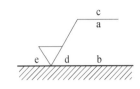

图 7-1-6　表面粗糙度符号和各种要求的标注位置

位置 a：注写表面粗糙度的单一要求。标注表面粗糙度参数代号、极限值和传输带或取样长度。为了避免产生误解，在参数代号和极限值之间应插入空格。传输带或取样长度后应有一斜线"/"。各项要求的标注顺序：上、下限值代号，传输带，评定参数代号，评定长度包含取样长度的个数，极限值判断规则，评定参数的极限值。

位置 b：注写第二个表面粗糙度要求。如果要注写第三个或更多个表面粗糙度要求，图形符号应在垂直方向扩大，以空出足够的空间。扩大图形符号时，a 和 b 的位置随之上移。

位置 c：注写加工方法、表面处理、涂层或其他加工工艺要求等，如车、磨、镀等加工方法。

位置 d：注写所要求的表面纹理和纹理的方向，如"="" ×""M"。

位置 e：注写所要求的加工余量，以毫米为单位给出数值。

2. 表面粗糙度极限值的标注

在完整图形符号上标注评定参数及其数值（极限值），极限值分为单向极限值和双向极限值。若只标注某个评定参数代号及其一个极限值，则默认该极限值是上限值。

如果需要同时标注某评定参数的上限值和下限值，则应分成两行，分别标注评定参数代号和上、下限值。上限值标注在上方，并在传输带前加注代号"U"；下限值标注在下方，并在传输带前加注代号"L"。在不引起歧义的情况下，可以不加代号"U"和"L"，如图 7-1-7 所示。

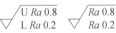

图 7-1-7　表面粗糙度极限值的标注

3. 表面粗糙度代号的含义（表 7-1-2）

表 7-1-2　表面粗糙度代号的含义

符号	含义
$\sqrt{}$ Ra 25	表示表面用非去除材料的方法获得，单向上限值，轮廓算术平均偏差 Ra 为 25 μm
$\sqrt{}$ Rz 0.8	表示表面用去除材料的方法获得，单向上限值，轮廓最大高度 Rz 为 0.8 μm
$\sqrt{}$ Ra 3.2	表示表面用去除材料的方法获得，单向上限值，轮廓算术平均偏差 Ra 为 3.2 μm

续表

（U Ra 3.2 / L Ra 0.8）	表示表面用去除材料的方法获得，双向极限值，轮廓算术平均偏差 Ra 上限值为 3.2 μm，下限值为 0.8 μm
（L Ra 0.8）	表示表面用任意加工方法获得，单向下限值，轮廓算术平均偏差 Ra 为 0.8 μm

4. 表面粗糙度在图样上的标注规则

表面粗糙度要求对每个表面一般只标注一次，尽可能标注在相应的尺寸及其公差的同一视图上。

（1）表面粗糙度符号的注写和读取方向与尺寸的注写和读取方向一致，如图 7 - 1 - 8 所示。

（2）表面粗糙度要求可标注在轮廓线或其延长线上，其符号应从材料外指向并接触表面。必要时，表面粗糙度符号也可用带箭头或黑点的指引线引出标注，如图 7 - 1 - 9 所示。

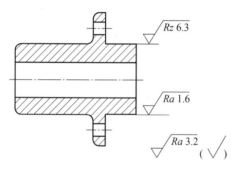

图 7 - 1 - 8　表面粗糙要求的注写方向

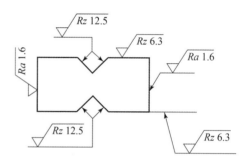

图 7 - 1 - 9　表面粗糙度要求被标注在轮廓线上

（3）在不引起误解的情况下，可以将表面粗糙度符号标注在尺寸线或尺寸界线上，如图 7 - 1 - 10 所示。

（4）可以将表面粗糙度符号标注在几何公差框格的上方，如图 7 - 1 - 11 所示。

（5）圆柱和棱柱表面的表面粗糙度要求只标注一次。如果每个棱柱表面有不同的表面粗糙度要求，则应分别单独标注，如图 7 - 1 - 12 所示。

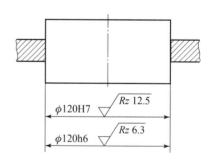

图 7 - 1 - 10　表面粗糙度要求被标注在尺寸线上

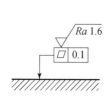

图 7 - 1 - 11　表面粗糙度要求被标注在几何公差框格的上方

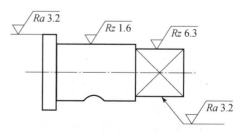

图 7 - 1 - 12　圆柱和棱柱表面粗糙度要求的标注

（6）当零件的多数（包括全部）表面有相同的表面粗糙度要求时，其表面粗糙度要求可统一标注在图样的标题栏附近，此时表面粗糙度要求的符号后面要加上圆括号，并在圆括号内标出基本符号，如图 7-1-13 所示。

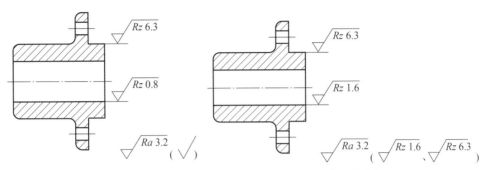

图 7-1-13　大多数表面有相同表面粗糙度要求的简化标注

（7）当零件的几个表面有相同的表面粗糙度要求或图纸空间有限时，可将基本图形符号或只带一个字母的完整图形符号标注在这些表面上，而在标题栏附近，以等式的形式标注相应的粗糙度符号，如图 7-1-14 所示。

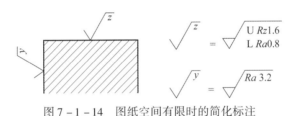

图 7-1-14　图纸空间有限时的简化标注

四、表面粗糙度对零件使用性能的影响

（一）对摩擦、磨损的影响

表面越粗糙，零件表面的摩擦系数就越大，两相对运动的零件表面磨损就越快；若表面过于光滑，磨损下来的金属微粒的刻划作用、润滑油被挤出、分子间的吸附作用等，也会加快磨损。磨损程度和表面粗糙度关系如图 7-1-15 所示。

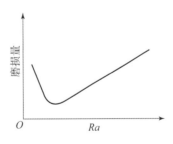

图 7-1-15　磨损量和
表面粗糙度的关系

（二）对配合性质的影响

对于有配合要求的零件表面，粗糙度会影响配合性质的稳定性。若是间隙配合，表面越粗糙，微观峰尖在工作时很快磨损，导致间隙增大；若是过盈配合，则在装配时零件表面的峰顶会被挤平，从而使实际过盈小于理论过盈量，降低连接强度。

（三）对腐蚀性的影响

金属零件的腐蚀主要由化学和电化学反应造成，如钢铁的锈蚀。在粗糙的零件表面，腐蚀介质更容易积存在零件表面的凹谷里，再渗入金属内层，从而造成锈蚀。

（四）对强度的影响

粗糙的零件表面，在交变载荷作用下，对应力集中很敏感，因而可降低零件的疲劳强度。

（五）对结合面密封性的影响

粗糙表面结合时，两表面只在局部点上接触，中间存在缝隙，所以降低了密封性能。由此可见，在保证零件尺寸精度、形位公差的同时，应控制表面粗糙度。

【任务实施】

识读表面粗糙度的意义，如表 7 – 1 – 3 所示。

表 7 – 1 – 3　识读表面粗糙度的意义

被测零件	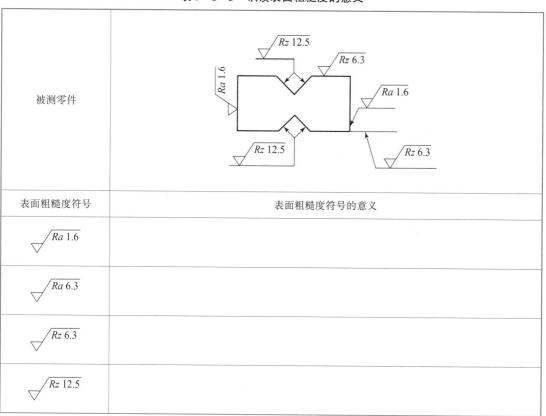
表面粗糙度符号	表面粗糙度符号的意义
$\sqrt{Ra\ 1.6}$	
$\sqrt{Ra\ 6.3}$	
$\sqrt{Rz\ 6.3}$	
$\sqrt{Rz\ 12.5}$	

【任务总结】

（1）表面粗糙度是指零件的加工表面上具有的较小间距和峰谷所形成的微观几何形状特性。

（2）表面粗糙度的评定参数主要有轮廓算数平均偏差 Ra 和轮廓最大高度 Rz。其中 Ra 是目前生产中评定表面粗糙度应用最多的参数。

【知识拓展】

（一）表面粗糙度的选用

表面粗糙度参数值的选择应遵循在满足使用功能要求的前提下，尽量选用较大的表面粗糙度数值，以便简化加工工艺，降低加工成本。

（1）在同一零件上，工作表面一般比非工作表面的表面粗糙度数值小。

（2）摩擦表面比非摩擦表面的表面粗糙度数值要小；滚动摩擦表面比滑动摩擦表面的表面粗糙度数值要小；运动速度高、压力大的摩擦表面比运动速度低、压力小的摩擦表面的表面粗糙度数值要小。

（3）承受循环载荷的表面极易引起应力集中的结构（圆角、沟槽等），其表面粗糙度数值要小。

（4）配合精度要求高的结合表面、配合间隙小的配合表面及要求连接可靠且承受重载的过盈配合表面，均应取较小的表面粗糙度数值。

（5）配合性质相同时，在一般情况下，零件尺寸越小，则表面粗糙度数值应越小；在同一精度等级时，小尺寸比大尺寸、轴比孔的表面粗糙度数值要小；通常在尺寸公差、表面形状公差小时，表面粗糙度数值要小。

（6）防腐性、密封性要求越高，表面粗糙度数值应越小。

（二）各种加工方法能达到的粗糙度参数值

1. 常用加工方法能达到的 Ra 值（表 7 - 1 - 4）

表 7 - 1 - 4　常用加工方法能达到的 Ra 值　　　　μm

加工方法		表面粗糙度 Ra												
		0.012	0.025	0.05	0.1	0.2	0.4	0.8	1.6	3.2	6.3	12.5	25	50
锯削							▨	▨	▨	▨	▨	▨	▨	▨
锉削							▨	▨	▨	▨	▨	▨		
铲刮							▨	▨	▨	▨	▨			
刨削	粗									▨	▨	▨	▨	
	半精								▨	▨	▨			
	精						▨	▨	▨	▨				
钻孔									▨	▨	▨	▨		
扩孔	粗									▨	▨	▨		
	精							▨	▨	▨	▨			
镗孔	粗									▨	▨	▨	▨	
	半精							▨	▨	▨	▨			
	精						▨	▨	▨	▨				

续表

加工方法		表面粗糙度 Ra												
		0.012	0.025	0.05	0.1	0.2	0.4	0.8	1.6	3.2	6.3	12.5	25	50
铰孔	粗								■	■	■	■		
	半精						■	■	■	■	■			
	精				■	■	■	■	■					
端面铣	粗								■	■	■	■	■	
	半精							■	■	■	■			
	精						■	■	■	■				
车外圆	粗										■	■	■	■
	半精							■	■	■	■			
	精						■	■	■	■				
车端面	粗										■	■	■	■
	半精								■	■	■	■		
	精						■	■	■	■				
磨外圆	粗							■	■	■				
	半精					■	■	■						
	精		■	■	■	■								
磨平面	粗								■	■				
	半精					■	■	■	■					
	精		■	■	■	■								
研磨	粗				■	■	■							
	半精			■	■	■								
	精	■	■	■										
抛光	一般			■	■	■	■	■						
	精	■	■											

2. 常用加工方法能达到的 Rz 值（表 7-1-5）

表 7-1-5　常用加工方法能达到的 Rz 值　　　　　μm

加工方法	表面粗糙度 Rz							
	0.16	0.4	1.0	2.5	6	16	40	100
成形加工			■	■	■	■	■	■
钻孔			■	■	■	■	■	■
铣削			■	■	■	■	■	■
铰孔			■	■	■	■	■	■
车削			■	■	■	■	■	■

续表

加工方法	表面粗糙度 Rz							
	0.16	0.4	1.0	2.5	6	16	40	100
磨削								
研磨								
抛光								

任务2　利用粗糙度比较样块检测粗糙度

【任务目标】

知识目标：掌握表面粗糙度比较样块选用的方法。

技能目标：学会正确、规范地使用表面粗糙度比较样块检测表面粗糙度并进行合格性判断。

【任务分析】

图 7 – 2 – 1 所示为螺纹轴。经过机械加工的零件表面，不可能是绝对平整和光滑的，实际上存在着一定程度宏观和微观几何形状误差。表面粗糙度是反映微观几何形状误差的一个指标，即微小的峰谷高低程度及其间距状况。根据图纸上的相关要求可知，该零件的粗糙度必须控制在规定范围以内。如何能快速确定被加工表面的表面粗糙度值呢？本任务主要学习利用粗糙度样块检测螺纹轴的表面粗糙度值。

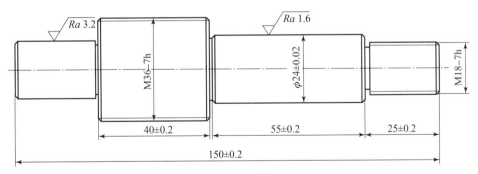

图 7 – 2 – 1　螺纹轴

【知识准备】

一、表面粗糙度的评定参数

表面粗糙度的评定参数一般从轮廓算术平均偏差 Ra、轮廓最大高度 Rz、间距参数 R_{sm} 和

相关参数 $R_{mr}(c)$ 中选取。以参数 Ra、Rz 为主参数且 Ra 反映轮廓信息最多，能够较完整全面地反映零件表面的微观几何形状。

国家标准规定了表面粗糙度评定的允许数值，见表 7 – 2 – 1 和表 7 – 2 – 2。

表 7 – 2 – 1　*Ra* 的参数值（GB/T 1031—2009）　　　　　μm

0.012	0.2	3.2	50
0.025	0.4	6.3	100
0.050	0.8	12.5	
0.100	1.6	25	

表 7 – 2 – 2　*Rz* 的参数值（GB/T 1031—2009）　　　　　μm

0.025	0.4	6.3	100
0.050	0.8	12.5	200
0.100	1.6	25	400
0.200	3.2	50	800

二、表面粗糙度的测量方法

（一）比较法

比较法是将被测表面与标有高度参数值的表面粗糙度比较样块直接比较的方法。有目测法和感触法两种。目测法即凭视觉或借助放大镜等工具，评估表面粗糙度的一种方法。感触法是凭手的感觉评估表面粗糙度的一种方法。这两种方法简单易行，适用于在车间现场使用。但这种方法在很大程度上取决于检测人员的经验，往往误差较大，所以只能用于粗糙度要求不高的零件。

表面粗糙度比较样块是用来检查表面粗糙度的一种工作量具，其使用方法是以样块工作表面的表面粗糙度为标准，与被测表面比较，凭触觉、视觉来判断制件表面粗糙度是否符合要求，如图 7 – 2 – 2 所示。

图 7 – 2 – 2　表面粗糙度比较样块

在比较时，所用的样块和被测制件的加工方法应该相同，样块的材料、形状、表面色泽也要尽可能一致。

（二）光切法

光切法是利用光切原理测量表面粗糙度的方法，如图7-2-3所示。常用的测量仪器是光切显微镜，如图7-2-4所示。该仪器适宜用来测量车、铣、刨或其他类似方法加工的金属零件平面或外圆表面。光切法适合测量 Rz 的值，测量范围一般为 $Rz0.5 \sim 60$ μm。

（三）干涉法

干涉法是通过干涉显微镜（图7-2-5），利用光波干涉原理，从目镜观测零件表面峰谷状干涉条纹，再通过测微装置测出干涉条纹的峰谷弯曲程度。光干涉法适合测量 Rz 的值，测量范围一般为 $0.03 \sim 0.8$ μm。

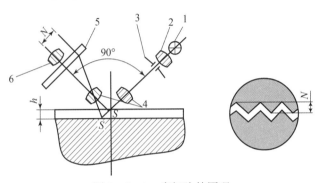

图7-2-3　光切法的原理

1—光源；2—聚光镜；3—狭缝；4—物镜；5—分划板；6—目镜

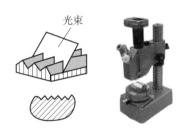

图7-2-4　光切显微镜

图7-2-5　干涉显微镜

（四）针触法

针触法是利用仪器的测针与被测表面相接触并使测针沿其表面轻轻一动来测量表面粗糙度的一种测量法，如图7-2-6所示。它实际上是一种接触式测量方法，所用仪器是电动轮廓仪，如图7-2-7所示。测量时使触针以一定速度划过被测表面，传感器将触针随被测表面的微小峰谷的上下移动转化成电信号，并经过传输、放大和积分运算处理后，通过显示器显示出粗糙度值。其测量范围一般为 $Ra0.01 \sim 25$ μm。

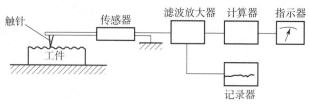

图 7 – 2 – 6　针触法的原理

图 7 – 2 – 7　电动轮廓仪

【任务实施】

一、测量内容、步骤和要求

（1）掌握表面粗糙度比较样块的选用方法。

（2）掌握利用表面粗糙度比较样块检测表面粗糙度值的方法、步骤。

（3）处理测量数据以及评定各尺寸的合格性。

（4）填写测量报告并做好 5S 管理规范。

7 – 2 – 1　表面粗糙度检测

二、测量过程及测量报告（表 7 – 2 – 3）

表 7 – 2 – 3　测量过程及测量报告

被测零件	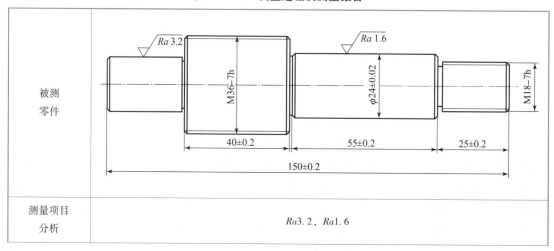
测量项目分析	$Ra3.2$，$Ra1.6$

续表

测量器具	量具名称	分度值	测量范围
	表面粗糙度比较样块		
测量过程	检测说明		检测示范
1. 测前准备工作	将被检测零件表面用无纺布擦拭干净，并根据加工方法选择合适的比较样块		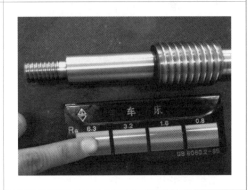
2. 比较检测	（1）触觉法 将比较样块、被测零件放在一起，手指以适当的速度分别沿比较样块、被测零件表面划过，凭主观触觉评估零件的粗糙度		
	（2）视觉法 将比较样块、零件放在一起，在相同的照明条件下，用肉眼或借助放大镜直接观察比较，根据加工痕迹异同、反光强弱、色彩差异判断被测表面粗糙度的大小		

续表

被测值	表面粗糙度符号意义	测量值			平均值	合格性判断
		测值1	测值2	测值3		
Ra3.2						
Ra1.6						

【任务总结】

（1）触觉法可用来评估 Ra 值在 1~10 μm 的零件。

（2）视觉法可用来评估 Ra 值在 3.2~60 μm 的零件。

（3）不同材质的表面反光特性和手感不一样。例如：用一个钢制的粗糙度比较样块与一个铜制的加工表面比较，将会导致误差较大的测量结果。

（4）被测表面应与比较样块具有相同的加工方法，例如：车加工的零件绝对不能用磨加工的样块去比较。

【知识拓展】

（一）粗糙度仪介绍

1. 手持式表面粗糙度仪概述

手持式表面粗糙度仪是专门用于测量被加工零件表面粗糙度的新型智能化仪器，如图 7-2-8 所示为三丰 sj-201 型手持式粗糙度仪。该仪器具有测量精度高、测量范围宽、操作简便、便于携带、工作稳定等特点，可广泛用于各种金属与非金属的表面检测。该仪器是传感器与主机一体化的袖珍式仪器，具有手持式特点，更适宜在现场使用。手持式表面粗糙度仪适用于加工业、制造业、检测、商检等部门，尤其适用于大型零件及生产流水线的现场检验，以及检测、计量等部门的外出检测。

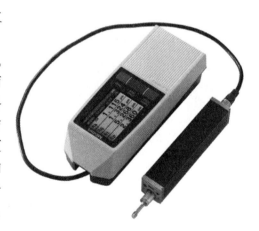

图 7-2-8 粗糙度仪

2. 功能特点

手持式表面粗糙度仪集微处理技术和传感技术于一体，以先进的微处理器和优选的高度集成化的电路设计，构成适应当今仪器发展趋势的超小型的体系结构，完成粗糙度参数的采集、处理和显示工作，不仅可测量外圆、平面、锥面，还可测量长宽大于 80 mm × 30 mm 的沟槽。它有以下功能：可选择测量 Ra、Rz，可选择取样长度，具有校准功能，自动检测电池电压并报警，具有充电功能，可边充电边工作。

3. 操作方法

（1）根据被测件的粗糙度技术要求，按【CUTOFF/↑】键选择测量长度（λ_c）；根据被测件的测量面长度（L），按【n/ENT】键选择取样长度。测量长度及取样长度的选择请参照表 7 - 2 - 4。

表 7 - 2 - 4　测量长度及取样长度的选择

技术要求/μm	测量长度/mm	取样长度 $3\lambda_c \geq L > \lambda_c$/mm	取样长度 $5\lambda_c \geq L > 3\lambda_c$/mm	取样长度 $L > 5\lambda_c$/mm
$Ra \leq 0.1$	0.25	0.25×1	0.25×3	0.25×5
$0.1 < Ra \leq 2.0$	0.8	0.8×1	0.8×3	0.8×5
$2.0 < Ra \leq 10.0$	2.5	2.5×1	2.5×3	2.5×5
$10.0 < Ra \leq 80.0$	8.0	8.0×1	8.0×3	8.0×5

（2）按【CURVE/FILTER/TOL/CUST】键选择相应模式的参数，按【CUTOFF/↑】和【MM/INCH↓】键进行切换（"⌐"：Ra、Ry、Rz、Rq、Rp　"d"：Rpk、Rk　"P"：Pa、Py、Pz、Pq、Pp），按【n/ENT】键确认输入。

（3）将产品平放在托架上，保持被测面的水平状态，如图 7 - 2 - 9 所示。

图 7 - 2 - 9　放置被测件

（4）将测针移至被测面上，按【START/STOP】键进行测量，如图 7 - 2 - 10 所示。

图 7 - 2 - 10　测量粗糙度

（二）表面粗糙度仪的维护与保养

（1）使用乙醇（或浓度为 95% 以上酒精）和无纺布清洁仪器。

（2）表面粗糙度仪长时间使用（一星期）应校正标准片，以及定期检查触针是否有磨损。

（3）定期在立柱的丝杠及立柱导轨上涂防锈油。

（4）为确保表面粗糙度仪的正常使用和良好精度，每年应请供货商做一次仪器检查、保养和精度校正工作。

（三）表面粗糙度仪使用时的注意事项

（1）开机后，用酒精清洁大理石台面及双立柱高度尺。

（2）不使用时，探针应放置在专用的探针盒内。

（3）测量时应严格按照操作规程，防止损坏仪器，影响测量。

（4）触针为精密部分，要避免撞击，如果被测零件有凹槽或台阶，应远离，以免弄断触针。

 项目评价

以铸造表面粗糙度样块为例，学生应掌握表面粗糙度的基础知识，能够对项目进行分析，针对任务选择合适的比较样块，设计一个高效率的检测方案进行检测并进行合格性的判断。通过过程性考核，采取自评、组评、他评的形式对学生完成任务的情况给予综合评价，见表 7-1。

表 7-1　项目评价

姓名		学号		组别			
评价项目	测量评价内容		分值	自评	组评	他评	得分
任务 1 知识目标	表面粗糙度的基本知识、术语		5				
	掌握表面粗糙度的标注方法和选用原则		5				
	比较样块的使用方法		5				
任务 2 技能目标	清洗表面粗糙度比较样块，做好准备工作		15				
	正确选择方法，记录温度、湿度		15				
	正确运用比较法测量表面粗糙度		20				
	数据处理及合格性判断		10				
	使用完后的维护		15				
情感目标	出勤		2				
	纪律		2				
	团队协作		2				
	5S 规范		2				
	安全生产		2				

评价项目	测量评价内容	分值	自评	组评	他评	得分
项目评价总结						

指导教师：　　　　综合评价等级：

评估等级：A（分值≥90）、B（分值≥80 ）、C（分值≥60）、D（分值＜60）

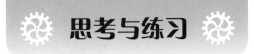

1. 什么是表面粗糙度？

2. 表面粗糙度对零件使用性能有什么影响？

3. 评定表面粗糙度的参数有哪些？

4. 什么是取样长度、评定长度？

5. 解释图 7 - 2 - 11 表面粗糙度结构代号标注的含义。

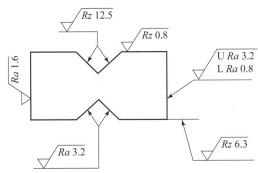

图 7 - 2 - 11　表面粗糙度结构代号

6. 表面粗糙度对零件的使用性能有哪些影响？

7. 评定表面粗糙度的主要参数有哪些？

附　录

附表一　轴的基本偏差数值

公称尺寸/mm 大于	至	a	b	c	cd	d	e	ef	f	fg	g	h	js	j (IT和IT6)	j (IT7)	j (IT8)	k (IT~IT7)	k (≤IT3 >IT7)
—	3	−270	−140	−60	−34	−20	−14	−10	−6	−4	−2	0		−2	−4	−6	0	0
3	6	−270	−140	−70	−46	−30	−20	−14	−10	−6	−4	0		−2	−4		+1	0
6	10	−280	−150	−80	−56	−40	−25	−18	−13	−8	−5	0		−2	−5		+1	0
10	14	−290	−150	−95		−50	−32		−16		−6	0		−3	−6		+1	0
14	18											0						
18	24	−300	−160	−110		−65	−40		−20		−7	0		−4	−8		+2	0
24	30											0						
30	40	−310	−170	−120		−80	−50		−25		−9	0		−5	−10		+2	0
40	50	−320	−180	−130								0						
50	65	−340	−190	−140		−100	−60		−30		−10	0		−7	−12		+2	0
65	80	−360	−200	−150								0						
80	100	−380	−220	−170		−120	−72		−36		−12	0		−9	−15		+3	0
100	120	−410	−240	−180								0						
120	140	−460	−260	−200		−145	−85		−43		−14	0		−11	−18		+3	0
140	160	−520	−280	−210								0						
160	180	−580	−310	−230								0						
180	200	−660	−340	−240		−170	−100		−50		−15	0	偏差 = ±$\dfrac{IT_n}{2}$，式中 IT_n是IT数值	−13	−21		+4	0
200	225	−740	−380	−260								0						
225	250	−820	−420	−280								0						
250	280	−920	−480	−300		−190	−110		−56		−17	0		−16	−26		+4	0
280	315	−1 050	−540	−330								0						
315	355	−1 200	−600	−360		−210	−125		−62		−18	0		−18	−28		+4	0
355	400	−1 350	−680	−400								0						
400	450	−1 500	−760	−440		−230	−135		−68		−20	0		−20	−32		+5	0
450	500	−1 650	−840	−480								0						
500	560					−260	−145		−76		−22	0					0	0
560	630											0						
630	710					−290	−160		−80		−24	0					0	0
710	800											0						
800	900					−320	−170		−86		−26	0					0	0
900	1 000											0						
1 000	1 120					−350	−195		−98		−28	0					0	0
1 120	1 250											0						
1 250	1 400					−390	−220		−110		−30	0					0	0
1 400	1 600											0						
1 600	1 800					−430	−240		−120		−32	0					0	0
1 800	2 000											0						
2 000	2 240					−480	−260		−130		−34	0					0	0
2 240	2 500											0						
2 500	2 800					−520	−290		−145		−38	0					0	0
2 800	3 150											0						

注：①公称尺寸小于或等于 1 mm 时，基本偏差 a 和 b 均不采用。

②公差带 js7 ~ js11，若 IT_n 值数是奇数，则取偏差值 = ±$\dfrac{IT_n - 1}{2}$。

续表

公称尺寸/mm		基本偏差数值/μm													
		下极限尺寸 ei													
		所有标准公差等级													
大于	至	m	n	p	r	s	t	u	v	x	y	z	za	zb	zc
—	3	+2	+4	+6	+10	+14		+18		+20		+26	+32	+40	+60
3	6	+4	+8	+12	+15	+19		+23		+28		+35	+42	+50	+80
6	10	+6	+10	+15	+19	+23		+28		+34		+42	+52	+67	+97
10	14	+7	+12	+18	+23	+28		+33		+40		+50	+64	+90	+130
14	18								+39	+45		+60	+77	+108	+150
18	24	+8	+15	+22	+28	+35		+41	+47	+54	+63	+73	+98	+136	+188
24	30						+41	+48	+55	+64	+75	+88	+118	+160	+218
30	40	+9	+17	+26	+34	+43	+48	+60	+68	+80	+94	+112	+148	+200	+274
40	50						+54	+70	+81	+97	+114	+136	+180	+242	+325
50	65	+11	+20	+32	+41	+53	+66	+87	+102	+122	+144	+172	+226	+300	+405
65	80				+43	+59	+75	+102	+120	+446	+174	+210	+274	+360	+480
80	100	+13	+23	+37	+51	+71	+91	+124	+146	+178	+214	+258	+335	+445	+585
100	120				+54	+79	+104	+144	+172	+210	+254	+310	+400	+525	+690
120	140	+15	+27	+43	+63	+92	+122	+170	+202	+248	+300	+365	+470	+620	+800
140	160				+65	+100	+134	+190	+228	+280	+340	+415	+535	+700	+900
160	180				+68	+108	+146	+210	+252	+310	+380	+465	+600	+780	+1 000
180	200	+17	+31	+50	+77	+122	+166	+236	+284	+350	+425	+520	+670	+880	+1 150
200	225				+80	+130	+180	+258	+310	+385	+470	+575	+740	+960	+1 250
225	250				+84	+140	+196	+284	+340	+425	+520	+610	+820	+1 050	+1 350
250	280	+20	+34	+56	+94	+158	+218	+315	+385	+475	+580	+710	+920	+1 200	+1 550
280	315				+98	+170	+240	+350	+425	+525	+650	+790	+1 000	+1 300	+1 700
315	355	+21	+37	+62	+108	+190	+268	+390	+475	+590	+730	+900	+1 150	+1 500	+1 900
355	400				+114	+208	+294	+435	+530	+660	+820	+1 000	+1 300	+1 650	+2 100
400	450	+23	+40	+68	+126	+232	+330	+490	+595	+740	+920	+1 100	+1 450	+1 850	+2 400
450	500				+132	+252	+360	+540	+660	+820	+1 000	+1 250	+1 600	+2 100	+2 600
500	560	+26	+44	+78	+150	+280	+400	+600							
560	630				+155	+310	+450	+660							
630	710	+30	+50	+88	+175	+340	+500	+740							
710	800				+185	+380	+560	+840							
800	900	+34	+56	+100	+210	+430	+620	+940							
900	1 000				+220	+470	+680	+1 050							
1 000	1 120	+40	+66	+120	+250	+520	+780	+1 150							
1 120	1 250				+260	+580	+840	+1 300							
1 250	1 400	+48	+78	+140	+300	+640	+960	+1 450							
1 400	1 600				+330	+720	+1 050	+1 600							
1 600	1 800	+58	+92	+170	+370	+820	+1 200	+1 850							
1 800	2 000				+400	+920	+1 350	+2 000							
2 000	2 240	+68	+110	+195	+440	+1 000	+1 500	+2 300							
2 240	2 500				+460	+1 100	+1 650	+2 500							
2 500	2 800	+76	+135	+240	+550	+1 250	+1 900	+2 900							
2 800	3 150				+580	+1 400	+2 100	+3 200							

附表二　孔的基本偏差数值

公称尺寸/mm 大于	至	A	B	C	CD	D	E	EF	F	FG	G	H	JS	J IT6	J IT7	J IT8	K ≤IT8	K >IT8	M ≤IT8	M >IT8	N ≤IT8	N >IT8
—	3	+270	+140	+60	+34	+20	+14	+10	+6	+4	+2	0		+2	+4	+6	0	0	-2	-2	-4	-4
3	6	+270	+140	+70	+46	+30	+20	+14	+10	+6	+4	0		+5	+6	+10	-1+Δ		-4+Δ	-4	-8+Δ	0
6	10	+280	+150	+80	+56	+40	+25	+18	+13	+8	+5	0		+5	+8	+12	-1+Δ		-6+Δ	-6	-10+Δ	0
10	14	+290	+150	+95		+50	+32		+16		+6	0		+6	+10	+15	-1+Δ		-7+Δ	-7	-12+Δ	0
14	18	+290	+150	+95		+50	+32		+16		+6	0		+6	+10	+15	-1+Δ		-7+Δ	-7	-12+Δ	0
18	24	+300	+160	+110		+65	+40		+20		+7	0		+8	+12	+20	-2+Δ		-8+Δ	-8	-15+Δ	0
24	30	+300	+160	+110		+65	+40		+20		+7	0		+8	+12	+20	-2+Δ		-8+Δ	-8	-15+Δ	0
30	40	+310	+170	+120		+80	+50		+25		+9	0		+10	+14	+24	-2+Δ		-9+Δ	-9	-17+Δ	0
40	50	+320	+180	+130		+80	+50		+25		+9	0		+10	+14	+24	-2+Δ		-9+Δ	-9	-17+Δ	0
50	65	+340	+190	+140		+100	+60		+30		+10	0		+13	+18	+28	-2+Δ		-11+Δ	-11	-20+Δ	0
65	80	+360	+200	+150		+100	+60		+30		+10	0		+13	+18	+28	-2+Δ		-11+Δ	-11	-20+Δ	0
80	100	+380	+220	+170		+120	+72		+36		+12	0		+16	+22	+34	-3+Δ		-13+Δ	-13	-23+Δ	0
100	120	+410	+240	+180		+120	+72		+36		+12	0		+16	+22	+34	-3+Δ		-13+Δ	-13	-23+Δ	0
120	140	+460	+260	+200		+145	+85		+43		+14	0		+18	+26	+41	-3+Δ		-15+Δ	-15	-27+Δ	0
140	160	+520	+280	+210		+145	+85		+43		+14	0		+18	+26	+41	-3+Δ		-15+Δ	-15	-27+Δ	0
160	180	+580	+310	+230		+145	+85		+43		+14	0		+18	+26	+41	-3+Δ		-15+Δ	-15	-27+Δ	0
180	200	+660	+340	+240		+170	+100		+50		+15	0	偏差 = $\pm\dfrac{IT_n}{2}$，式中 IT_n 是 IT 数值	+22	+30	+47	-4+Δ		-17+Δ	-17	-31+Δ	0
200	225	+740	+380	+260		+170	+100		+50		+15	0		+22	+30	+47	-4+Δ		-17+Δ	-17	-31+Δ	0
225	250	+820	+420	+280		+170	+100		+50		+15	0		+22	+30	+47	-4+Δ		-17+Δ	-17	-31+Δ	0
250	280	+920	+480	+300		+190	+110		+56		+17	0		+25	+36	+55	-4+Δ		-20+Δ	-20	-34+Δ	0
280	315	+1 050	+540	+330		+190	+110		+56		+17	0		+25	+36	+55	-4+Δ		-20+Δ	-20	-34+Δ	0
315	355	+1 200	+600	+360		+210	+125		+62		+18	0		+29	+39	+60	-4+Δ		-21+Δ	-21	-37+Δ	0
355	400	+1 350	+680	+400		+210	+125		+62		+18	0		+29	+39	+60	-4+Δ		-21+Δ	-21	-37+Δ	0
400	450	+1 500	+760	+440		+230	+135		+68		+20	0		+33	+43	+66	-5+Δ		-23+Δ	-23	-40+Δ	0
450	500	+1 650	+840	+480		+230	+135		+68		+20	0		+33	+43	+66	-5+Δ		-23+Δ	-23	-40+Δ	0
500	560					+260	+145		+76		+22	0					0		-26		-44	
560	630					+260	+145		+76		+22	0					0		-26		-44	
630	710					+290	+160		+80		+24	0					0		-30		-50	
710	800					+290	+160		+80		+24	0					0		-30		-50	
800	900					+320	+170		+86		+26	0					0		-34		-56	
900	1000					+320	+170		+86		+26	0					0		-34		-56	
1 000	1 120					+350	+195		+98		+28	0					0		-40		-66	
1 120	1 250					+350	+195		+98		+28	0					0		-40		-66	
1 250	1 400					+390	+220		+110		+30	0					0		-48		-78	
1 400	1 600					+390	+220		+110		+30	0					0		-48		-78	
1 600	1 800					+430	+240		+120		+32	0					0		-58		-92	
1 800	2 000					+430	+240		+120		+32	0					0		-58		-92	
2 000	2 240					+480	+260		+130		+34	0					0		-68		-110	
2 240	2 500					+480	+260		+130		+34	0					0		-68		-110	
2 500	2 800					+520	+290		+145		+38	0					0		-76		-135	
2 800	3 150					+520	+290		+145		+38	0					0		-76		-135	

注：①以称尺寸小于或等于 1 mm 时，基本偏差 A 和 B 及大于 IT8 的 N 均不采用。

　　②公差带 JS7 ~ JS11，若 IT_n 值数是奇数，则取偏差值 = $\pm\dfrac{IT_n-1}{2}$。

| 公称尺寸/mm | | 基本偏差数值/μm 上极限尺寸ES | | | | | | | | | | | | | Δ值 | | | | | |
| 大于 | 至 | ≤IT7 P~ZC | 标准公差等级大于IT7 | | | | | | | | | | | | 标准公差等级 | | | | | |
大于	至	P~ZC	P	R	S	T	U	V	X	Y	Z	ZA	ZB	ZC	IT3	IT4	IT5	IT6	IT7	IT8
—	3	在大于IT7的相应数值上增加一个Δ值	-6	-10	-14		-18		-20		-26	-32	-40	-60	0	0	0	0	0	0
3	6		-12	-15	-19		-23		-28		-35	-42	-50	-80	1	1.5	1	3	4	6
6	10		-15	-19	-23		-28		-34		-42	-52	-67	-97	1	1.5	2	3	6	7
10	14		-18	-23	-28		-33		-40		-50	-64	-90	-130	1	2	3	3	7	9
14	18							-39	-45		-60	-77	-108	-150						
18	24		-22	-28	-35		-41	-47	-54	-63	-73	-98	-136	-188	1.5	2	3	4	8	12
24	30					-41	-48	-55	-64	-75	-88	-118	-160	-218						
30	40		-26	-34	-43	-48	-60	-68	-80	-94	-112	-148	-200	-274	1.5	3	4	5	9	14
40	50					-54	-70	-81	-97	-114	-136	-180	-242	-325						
50	65		-32	-41	-53	-66	-87	-102	-122	-144	-172	-226	-300	-405	2	3	5	6	11	16
65	80			-43	-59	-75	-102	-120	-146	-174	-210	-274	-360	-480						
80	100		-37	-51	-71	-91	-124	-146	-178	-214	-258	-335	-445	-585	2	4	5	7	13	19
100	120			-54	-79	-104	-144	-172	-210	-254	-310	-400	-525	-690						
120	140		-43	-63	-92	-122	-170	-202	-248	-300	-365	-470	-620	-800	3	4	6	7	15	23
140	160			-65	-100	-134	-190	-228	-280	-340	-415	-535	-700	-900						
160	180			-68	-108	-146	-210	-252	-310	-380	-465	-600	-780	-1 000						
180	200		-50	-77	-122	-166	-236	-284	-350	-425	-520	-670	-880	-1 150	3	4	6	9	17	26
200	225			-80	-130	-180	-258	-310	-385	-470	-575	-740	-960	-1 250						
225	250			-84	-140	-196	-284	-340	-425	-520	-640	-820	-1 050	-1 350						
250	280		-56	-94	-158	-218	-315	-385	-475	-580	-710	-920	-1 200	-1 550	4	4	7	9	20	29
280	315			-98	-170	-240	-350	-425	-525	-650	-790	-1 000	-1 300	-1 700						
315	355		-62	-108	-190	-268	-390	-475	-590	-730	-900	-1 150	-1 500	-1 900	4	5	7	11	21	32
355	400			-114	-208	-294	-435	-530	-660	-820	-1 000	-1 300	-1 650	-2 100						
400	450		-68	-126	-232	-330	-490	-595	-740	-920	-1 100	-1 450	-1 850	-2 400	5	5	7	13	23	34
450	500			-132	-252	-360	-540	-660	-820	-1 000	-1 250	-1 600	-2 100	-2 600						
500	560		-78	-150	-280	-400	-600													
560	630			-155	-310	-450	-660													
630	710		-88	-175	-340	-500	-740													
710	800			-185	-380	-560	-840													
800	900		-100	-210	-430	-620	-940													
900	1 000			-220	-470	-680	-1 050													
1 000	1 120		-120	-250	-520	-780	-1 150													
1 120	1 250			-260	-580	-840	-1 300													
1 250	1 400		-140	-300	-640	-960	-1 450													
1 400	1 600			-330	-720	-1 050	-1 600													
1 600	1 800		-170	-370	-820	-1 200	-1 850													
1 800	2 000			-400	-920	-1 350	-2 000													
2 000	2 240		-195	-440	-1 000	-1 500	-2 300													
2 240	2 500			-460	-1 100	-1 650	-2 500													
2 500	2 800		-240	-550	-1 250	-1 900	-2 900													
2 800	3 150			-580	-1 400	-2 100	-3 200													

③对小于或等于IT8的K、M、N和小于或等于IT7的P~ZC，所需Δ值从表内右侧选取。

例如：18~30 mm段的K7：Δ=8 μm，所以ES=-2+8=+6（μm）；18~30 mm段的S6：Δ=4 μm，所以ES=-35+4=-31（μm）。

④特殊情况：250~315 mm段的M6，ES=-9 μm（代替-11 μm）。

附表三　轴的极限偏差

公称尺寸/mm		公差带/μm														
		a					b					c				
大于	至	9	10	11	12	13	9	10	11	12	13	8	9	10	11	12
—	3	−270	−270	−270	−270	−270	−140	−140	−140	−140	−140	−60	−60	−60	−60	−60
		−295	−310	−330	−370	−410	−165	−180	−200	−240	−280	−74	−85	−100	−120	−160
3	6	−270	−270	−270	−270	−270	−140	−140	−140	−140	−140	−70	−70	−70	−70	−70
		−300	−318	−345	−390	−450	−170	−188	−215	−260	−320	−88	−100	−118	−145	−190
6	10	−280	−280	−280	−280	−280	−150	−150	−150	−150	−150	−80	−80	−80	−80	−80
		−316	−338	−370	−430	−500	−186	−208	−240	−300	−370	−102	−116	−138	−170	−220
10	14	−290	−290	−290	−290	−290	−150	−150	−150	−150	−150	−95	−95	−95	−95	−95
14	18	−333	−360	−400	−470	−560	−193	−220	−260	−330	−420	−122	−138	−165	−205	−275
18	24	−300	−300	−300	−300	−300	−160	−160	−160	−160	−160	−110	−110	−110	−110	−110
24	30	−352	−384	−430	−510	−630	−212	−244	−290	−370	−490	−143	−162	−194	−240	−320
30	40	−310	−310	−310	−310	−310	−170	−170	−170	−170	−170	−120	−120	−120	−120	−120
		−372	−410	−470	−560	−700	−232	−270	−330	−420	−560	−159	−182	−220	−280	−370
40	50	−320	−320	−320	−320	−320	−180	−180	−180	−180	−180	−130	−130	−130	−130	−130
		−382	−420	−480	−570	−710	−242	−280	−340	−430	−570	−169	−192	−230	−290	−380
50	65	−340	−340	−340	−340	−340	−190	−190	−190	−190	−190	−140	−140	−140	−140	−140
		−414	−460	−530	−640	−800	−264	−310	−380	−490	−650	−186	−214	−260	−330	−440
65	80	−360	−360	−360	−360	−360	−200	−200	−200	−200	−200	−150	−150	−150	−150	−150
		−434	−480	−550	−660	−820	−274	−320	−390	−500	−660	−196	−224	−270	−340	−450
80	100	−380	−380	−380	−380	−380	−220	−220	−220	−220	−220	−170	−170	−170	−170	−170
		−467	−520	−600	−730	−920	−307	−360	−440	−570	−760	−224	−257	−310	−390	−520
100	120	−410	−410	−410	−410	−410	−240	−240	−240	−240	−240	−180	−180	−180	−180	−180
		−497	−550	−630	−760	−950	−327	−380	−460	−590	−780	−234	−267	−320	−400	−530
120	140	−460	−460	−460	−460	−460	−260	−260	−260	−260	−260	−200	−200	−200	−200	−200
		−560	−620	−710	−860	−1090	−360	−420	−510	−660	−890	−263	−300	−360	−450	−600
140	160	−520	−520	−520	−520	−520	−280	−280	−280	−280	−280	−210	−210	−210	−210	−210
		−620	−680	−770	−920	−1150	−380	−440	−530	−680	−910	−273	−310	−370	−460	−610
160	180	−580	−580	−580	−580	−580	−310	−310	−310	−310	−310	−230	−230	−230	−230	−230
		−680	−740	−830	−980	−1210	−410	−470	−560	−710	−940	−293	−330	−390	−480	−630
180	200	−660	−660	−660	−660	−660	−340	−340	−340	−340	−340	−240	−240	−240	−240	−240
		−775	−845	−950	−1120	−1380	−455	−525	−630	−800	−1060	−312	−355	−425	−530	−700
200	225	−740	−740	−740	−740	−740	−380	−380	−380	−380	−380	−260	−260	−260	−260	−260
		−855	−925	−1030	−1200	−1460	−495	−565	−670	−840	−1100	−332	−375	−445	−550	−720
225	250	−820	−820	−820	−820	−820	−420	−420	−420	−420	−420	−280	−280	−280	−280	−280
		−935	−1005	−1110	−1280	−1540	−535	−605	−710	−880	−1140	−352	−395	−465	−570	−740
250	280	−920	−920	−920	−920	−920	−480	−480	−480	−480	−480	−300	−300	−300	−300	−300
		−1050	−1130	−1240	−1440	−1730	−610	−690	−800	−1000	−1290	−381	−430	−510	−620	−820
280	315	−1050	−1050	−1050	−1050	−1050	−540	−540	−540	−540	−540	−330	−330	−330	−330	−330
		−1180	−1260	−1370	−1570	−1860	−670	−750	−860	−1060	−1350	−411	−460	−540	−650	−850
315	355	−1200	−1200	−1200	−1200	−1200	−600	−600	−600	−600	−600	−360	−360	−360	−360	−360
		−1340	−1430	−1560	−1770	−2090	−740	−830	−960	−1170	−1490	−449	−500	−590	−720	−930
355	400	−1350	−1350	−1350	−1350	−1350	−680	−680	−680	−680	−680	−400	−400	−400	−400	−400
		−1490	−1580	−1710	−1920	−2240	−820	−910	−1040	−1250	−1570	−489	−540	−630	−760	−970
400	450	−1500	−1500	−1500	−1500	−1500	−760	−760	−760	−760	−760	−440	−440	−440	−440	−440
		−1655	−1750	−1900	−2130	−2470	−915	−1010	−1160	−1390	−1730	−537	−595	−690	−840	−1070
450	500	−1650	−1650	−1650	−1650	−1650	−840	−840	−840	−840	−840	−480	−480	−480	−480	−480
		−1805	−1900	−2050	−2280	−2620	−995	−1090	−1240	−1470	−1810	−577	−635	−730	−880	−1110

注：公称尺寸小于 1 mm 时，各级的 a 和 b 均不采用。

续表

公称尺寸/mm		公 差 带/μm													
		c	d					e					f		
大于	至	13	7	8	9	10	11	6	7	8	9	10	5	6	7
—	3	−60 −200	−20 −30	−20 −34	−20 −45	−20 −60	−20 −80	−14 −20	−14 −24	−14 −28	−14 −39	−14 −54	−6 −10	−6 −12	−6 −16
3	6	−70 −250	−30 −42	−30 −48	−30 −60	−30 −78	−30 −105	−20 −28	−20 −32	−20 −38	−20 −50	−20 −68	−10 −15	−10 −18	−10 −22
6	10	−80 −300	−40 −55	−40 −62	−40 −76	−40 −98	−40 −130	−25 −34	−25 −40	−25 −47	−25 −61	−25 −83	−13 −19	−13 −22	−13 −28
10	14	−95 −365	−50 −68	−50 −77	−50 −93	−50 −120	−50 −160	−32 −43	−32 −50	−32 −59	−32 −75	−32 −102	−16 −24	−16 −27	−16 −34
14	18														
18	24	−110 −440	−65 −86	−65 −98	−65 −117	−65 −149	−65 −195	−40 −53	−40 −61	−40 −73	−40 −92	−40 −124	−20 −29	−20 −33	−20 −41
24	30														
30	40	−120 −510	−80 −105	−80 −119	−80 −142	−80 −180	−80 −240	−50 −66	−50 −75	−50 −89	−50 −112	−50 −150	−25 −36	−25 −41	−25 −50
40	50	−130 −520													
50	65	−140 −600	−100 −130	−100 −146	−100 −174	−100 −220	−100 −290	−60 −79	−60 −90	−60 −106	−60 −134	−60 −180	−30 −43	−30 −49	−30 −60
65	80	−150 −610													
80	100	−170 −710	−120 −155	−120 −174	−120 −207	−120 −260	−120 −340	−72 −94	−72 −107	−72 −126	−72 −159	−72 −212	−36 −51	−36 −58	−36 −71
100	120	−180 −720													
120	140	−200 −830	−145 −185	−145 −208	−145 −245	−145 −305	−145 −395	−85 −110	−85 −125	−85 −148	−85 −185	−85 −245	−43 −61	−43 −68	−43 −83
140	160	−210 −840													
160	180	−230 −860													
180	200	−240 −960	−170 −216	−170 −242	−170 −285	−170 −355	−170 −460	−100 −129	−100 −146	−100 −172	−100 −215	−100 −285	−50 −70	−50 −79	−50 −96
200	225	−260 −980													
225	250	−280 −1 000													
250	280	−300 −1 110	−190 −242	−190 −271	−190 −320	−190 −400	−190 −510	−110 −142	−110 −162	−110 −191	−110 −240	−110 −320	−56 −79	−56 −88	−56 −108
280	315	−330 −1 140													
315	355	−360 −1 250	−210 −267	−210 −299	−210 −350	−210 −440	−210 −570	−125 −161	−125 −182	−125 −214	−125 −265	−125 −355	−62 −87	−62 −98	−62 −119
355	400	−400 −1 290													
400	450	−440 −1 410	−230 −293	−230 −327	−230 −385	−230 −480	−230 −630	−135 −175	−135 −198	−135 −232	−135 −290	−135 −385	−68 −95	−68 −108	−68 −131
450	500	−480 −1 450													

公称尺寸/mm		公差带/μm												
		f		g					h					
大于	至	8	9	4	5	6	7	8	1	2	3	4	5	6
—	3	-6 / -20	-6 / -31	-2 / -5	-2 / -6	-2 / -8	-2 / -12	-2 / -16	0 / -0.8	0 / -1.2	0 / -2	0 / -3	0 / -4	0 / -6
3	6	-10 / -28	-10 / -40	-4 / -8	-4 / -9	-4 / -12	-4 / -16	-4 / -22	0 / -1	0 / -1.5	0 / -2.5	0 / -3	0 / -5	0 / -8
6	10	-13 / -35	-13 / -49	-5 / -9	-5 / -11	-5 / -14	-5 / -20	-5 / -27	0 / -1	0 / -1.5	0 / -2.5	0 / -4	0 / -6	0 / -9
10	14	-16 / -43	-16 / -59	-6 / -11	-6 / -14	-6 / -17	-6 / -24	-6 / -33	0 / -1.2	0 / -2	0 / -3	0 / -5	0 / -8	0 / -11
14	18													
18	24	-20 / -53	-20 / -72	-7 / -13	-7 / -16	-7 / -20	-7 / -28	-7 / -40	0 / -1.5	0 / -2.5	0 / -4	0 / -6	0 / -9	0 / -13
24	30													
30	40	-25 / -64	-25 / -87	-9 / -16	-9 / -20	-9 / -25	-9 / -34	-9 / -48	0 / -1.5	0 / -2.5	0 / -4	0 / -7	0 / -11	0 / -16
40	50													
50	65	-30 / -76	-30 / -104	-10 / -18	-10 / -23	-10 / -29	-10 / -40	-10 / -50	0 / -2	0 / -3	0 / -5	0 / -8	0 / -13	0 / -19
65	80													
80	100	-36 / -90	-36 / -123	-12 / -22	-12 / -27	-12 / -34	-12 / -47	-12 / -66	0 / -2.5	0 / -4	0 / -6	0 / -10	0 / -15	0 / -22
100	120													
120	140	-43 / -106	-43 / -143	-14 / -26	-14 / -32	-14 / -39	-14 / -54	-14 / -77	0 / -3.5	0 / -5	0 / -8	0 / -12	0 / -18	0 / -25
140	160													
160	180													
180	200	-50 / -122	-50 / -165	-15 / -29	-15 / -35	-15 / -41	-15 / -61	-15 / -87	0 / -4.5	0 / -7	0 / -10	0 / -14	0 / -20	0 / -29
200	225													
225	250													
250	280	-56 / -137	-56 / -186	-17 / -33	-17 / -40	-17 / -49	-17 / -69	-17 / -98	0 / -6	0 / -8	0 / -12	0 / -16	0 / -23	0 / -32
280	315													
315	355	-62 / -151	-62 / -202	-18 / -36	-18 / -43	-18 / -54	-18 / -75	-18 / -107	0 / -7	0 / -9	0 / -13	0 / -18	0 / -25	0 / -36
355	400													
400	450	-68 / -165	-68 / -223	-20 / -40	-20 / -47	-20 / -60	-20 / -83	-20 / -117	0 / -8	0 / -10	0 / -15	0 / -20	0 / -27	0 / -40
450	500													

公称尺寸/mm		公差带/μm												
		h							j			js		
大于	至	7	8	9	10	11	12	13	5	6	7	1	2	3
—	3	0 / −10	0 / −14	0 / −25	0 / −40	0 / −60	0 / −100	0 / −140	—	+4 / −2	+6 / −4	±0.4	±0.6	±1
3	6	0 / −12	0 / −18	0 / −30	0 / −48	0 / −75	0 / −120	0 / −180	+3 / −2	+6 / −2	+8 / −4	±0.5	±0.75	±1.25
6	10	0 / −15	0 / −22	0 / −30	0 / −58	0 / −90	0 / −150	0 / −220	+4 / −2	+7 / −2	+10 / −5	±0.5	±0.75	±1.25
10	14	0 / −18	0 / −27	0 / −43	0 / −70	0 / −110	0 / −180	0 / −270	+5 / −3	+8 / −3	+12 / −6	±0.6	±1	±1.5
14	18	0 / −18	0 / −27	0 / −43	0 / −70	0 / −110	0 / −180	0 / −270	+5 / −3	+8 / −3	+12 / −6	±0.6	±1	±1.5
18	24	0 / −21	0 / −33	0 / −52	0 / −84	0 / −130	0 / −210	0 / −330	+5 / −4	+9 / −4	+13 / −8	±0.75	±1.25	±2
24	30	0 / −21	0 / −33	0 / −52	0 / −84	0 / −130	0 / −210	0 / −330	+5 / −4	+9 / −4	+13 / −8	±0.75	±1.25	±2
30	40	0 / −25	0 / −39	0 / −62	0 / −100	0 / −160	0 / −250	0 / −390	+6 / −5	+11 / −5	+15 / −10	±0.75	±1.25	±2
40	50	0 / −25	0 / −39	0 / −62	0 / −100	0 / −160	0 / −250	0 / −390	+6 / −5	+11 / −5	+15 / −10	±0.75	±1.25	±2
50	65	0 / −30	0 / −46	0 / −74	0 / −120	0 / −190	0 / −300	0 / −460	+6 / −7	+12 / −7	+18 / −12	±1	±1.5	±2.5
65	80	0 / −30	0 / −46	0 / −74	0 / −120	0 / −190	0 / −300	0 / −460	+6 / −7	+12 / −7	+18 / −12	±1	±1.5	±2.5
80	100	0 / −35	0 / −54	0 / −87	0 / −140	0 / −220	0 / −350	0 / −540	+6 / −9	+13 / −9	+20 / −15	±1.25	±2	±3
100	120	0 / −35	0 / −54	0 / −87	0 / −140	0 / −220	0 / −350	0 / −540	+6 / −9	+13 / −9	+20 / −15	±1.25	±2	±3
120	140	0 / −40	0 / −63	0 / −100	0 / −160	0 / −250	0 / −400	0 / −630	+7 / −11	+14 / −11	+22 / −18	±1.75	±2.5	±4
140	160	0 / −40	0 / −63	0 / −100	0 / −160	0 / −250	0 / −400	0 / −630	+7 / −11	+14 / −11	+22 / −18	±1.75	±2.5	±4
160	180	0 / −40	0 / −63	0 / −100	0 / −160	0 / −250	0 / −400	0 / −630	+7 / −11	+14 / −11	+22 / −18	±1.75	±2.5	±4
180	200	0 / −46	0 / −72	0 / −115	0 / −185	0 / −290	0 / −460	0 / −720	+7 / −13	+16 / −13	+25 / −21	±2.25	±3.5	±5
200	225	0 / −46	0 / −72	0 / −115	0 / −185	0 / −290	0 / −460	0 / −720	+7 / −13	+16 / −13	+25 / −21	±2.25	±3.5	±5
225	250	0 / −46	0 / −72	0 / −115	0 / −185	0 / −290	0 / −460	0 / −720	+7 / −13	+16 / −13	+25 / −21	±2.25	±3.5	±5
250	280	0 / −52	0 / −81	0 / −130	0 / −210	0 / −320	0 / −520	0 / −810	+7 / −16	—	—	±3	±4	±6
280	315	0 / −52	0 / −81	0 / −130	0 / −210	0 / −320	0 / −520	0 / −810	+7 / −16	—	—	±3	±4	±6
315	355	0 / −57	0 / −89	0 / −140	0 / −230	0 / −360	0 / −570	0 / −890	+7 / −18	—	+29 / −28	±3.5	±4.5	±6.5
355	400	0 / −57	0 / −89	0 / −140	0 / −230	0 / −360	0 / −570	0 / −890	+7 / −18	—	+29 / −28	±3.5	±4.5	±6.5
400	450	0 / −63	0 / −97	0 / −155	0 / −250	0 / −400	0 / −630	0 / −970	+7 / −20	—	+31 / −32	±4	±5	±7.5
450	500	0 / −63	0 / −97	0 / −155	0 / −250	0 / −400	0 / −630	0 / −970	+7 / −20	—	+31 / −32	±4	±5	±7.5

续表

公称尺寸/mm		公差带/μm											
		js										k	
大于	至	4	5	6	7	8	9	10	11	12	13	4	5
—	3	±1.5	±2	±3	±5	±7	±12	±20	±30	±50	±70	+3 / 0	+4 / 0
3	6	±2	±2.5	±4	±6	±9	±15	±24	±37	±60	±90	+5 / +1	+6 / +1
6	10	±2	±3	±4.5	±7	±11	±18	±29	±45	±75	±110	+5 / +1	+7 / +1
10	14	±2.5	±4	±5.5	±9	±13	±21	±35	±55	±90	±135	+6 / +1	+9 / +1
14	18												
18	24	±3	±4.5	±6.5	±10	±16	±26	±42	±65	±105	±165	+8 / +2	+11 / +2
24	30												
30	40	±3.5	±5.5	±8	±12	±19	±31	±50	±80	±125	±195	+9 / +2	+13 / +2
40	50												
50	65	±4	±6.5	±9.5	±15	±23	±37	±60	±95	±150	±230	+10 / +2	+15 / +2
65	80												
80	100	±5	±7.5	±11	±17	±27	±43	±70	±110	±175	±270	+13 / +3	+18 / +3
100	120												
120	140	±6	±9	±12.5	±20	±31	±50	±80	±125	±200	±315	+15 / +3	+21 / +3
140	160												
160	180												
180	200	±7	±10	±14.5	±23	±36	±57	±92	±145	±230	±360	+18 / +4	+24 / +4
200	225												
225	250												
250	280	±8	±11.5	±16	±26	±40	±65	±105	±160	±200	±405	+20 / +4	+27 / +4
280	315												
315	355	±9	±12.5	±18	±28	±44	±70	±115	±180	±285	±445	+22 / +4	+29 / +4
355	400												
400	450	±10	±13.5	±20	±31	±48	±77	±125	±200	±315	±485	+25 / +5	+32 / +5
450	500												

续表

公称尺寸/mm 大于	至	k6	k7	k8	m4	m5	m6	m7	m8	n4	n5	n6	n7	n8
—	3	+6/0	+10/0	+14/0	+5/+2	+6/+2	+8/+2	+12/+2	+16/+2	+7/+4	+8/+4	+10/+4	+14/+4	+18/+4
3	6	+9/+1	+13/+1	+18/0	+8/+4	+9/+4	+12/+4	+16/+4	+22/+4	+12/+8	+13/+8	+16/+8	+20/+8	+26/+8
6	10	+10/+1	+16/+1	+22/0	+10/+6	+12/+6	+15/+6	+21/+6	+28/+6	+14/+10	+16/+10	+19/+10	+25/+10	+32/+10
10	14	+12/+1	+19/+1	+27/0	+12/+7	+15/+7	+18/+7	+25/+7	+34/+7	+17/+12	+20/+12	+23/+12	+30/+12	+39/+12
14	18	+12/+1	+19/+1	+27/0	+12/+7	+15/+7	+18/+7	+25/+7	+34/+7	+17/+12	+20/+12	+23/+12	+30/+12	+39/+12
18	24	+15/+2	+23/+2	+33/0	+14/+8	+17/+8	+21/+8	+29/+8	+41/+8	+21/+15	+24/+15	+28/+15	+36/+15	+48/+15
24	30	+15/+2	+23/+2	+33/0	+14/+8	+17/+8	+21/+8	+29/+8	+41/+8	+21/+15	+24/+15	+28/+15	+36/+15	+48/+15
30	40	+18/+2	+27/+2	+39/0	+16/+9	+20/+9	+25/+9	+34/+9	+48/+9	+24/+17	+28/+17	+33/+17	+42/+17	+56/+17
40	50	+18/+2	+27/+2	+39/0	+16/+9	+20/+9	+25/+9	+34/+9	+48/+9	+24/+17	+28/+17	+33/+17	+42/+17	+56/+17
50	65	+21/+2	+32/+2	+46/0	+19/+11	+24/+11	+30/+11	+41/+11	+57/+11	+28/+20	+33/+20	+39/+20	+50/+20	+66/+20
65	80	+21/+2	+32/+2	+46/0	+19/+11	+24/+11	+30/+11	+41/+11	+57/+11	+28/+20	+33/+20	+39/+20	+50/+20	+66/+20
80	100	+25/+3	+38/+3	+54/0	+23/+13	+28/+13	+35/+13	+48/+13	+67/+13	+33/+13	+38/+23	+45/+23	+58/+23	+77/+23
100	120	+25/+3	+38/+3	+54/0	+23/+13	+28/+13	+35/+13	+48/+13	+67/+13	+33/+13	+38/+23	+45/+23	+58/+23	+77/+23
120	140	+28/+3	+43/+3	+63/0	+27/+15	+33/+15	+40/+15	+55/+15	+78/+15	+39/+27	+45/+27	+52/+27	+67/+27	+90/+27
140	160	+28/+3	+43/+3	+63/0	+27/+15	+33/+15	+40/+15	+55/+15	+78/+15	+39/+27	+45/+27	+52/+27	+67/+27	+90/+27
160	180	+28/+3	+43/+3	+63/0	+27/+15	+33/+15	+40/+15	+55/+15	+78/+15	+39/+27	+45/+27	+52/+27	+67/+27	+90/+27
180	200	+33/+4	+50/+4	+72/0	+31/+17	+37/+17	+46/+17	+63/+17	+89/+17	+45/+31	+51/+31	+60/+31	+77/+31	+103/+31
200	225	+33/+4	+50/+4	+72/0	+31/+17	+37/+17	+46/+17	+63/+17	+89/+17	+45/+31	+51/+31	+60/+31	+77/+31	+103/+31
225	250	+33/+4	+50/+4	+72/0	+31/+17	+37/+17	+46/+17	+63/+17	+89/+17	+45/+31	+51/+31	+60/+31	+77/+31	+103/+31
250	280	+36/+4	+56/+4	+81/0	+36/+20	+43/+20	+52/+20	+72/+20	+101/+20	+50/+34	+57/+34	+66/+34	+86/+34	+115/+34
280	315	+36/+4	+56/+4	+81/0	+36/+20	+43/+20	+52/+20	+72/+20	+101/+20	+50/+34	+57/+34	+66/+34	+86/+34	+115/+34
315	355	+40/+4	+61/+4	+89/0	+39/+21	+46/+21	+57/+21	+78/+21	+110/+21	+55/+37	+62/+37	+73/+37	+94/+37	+126/+37
355	400	+40/+4	+61/+4	+89/0	+39/+21	+46/+21	+57/+21	+78/+21	+110/+21	+55/+37	+62/+37	+73/+37	+94/+37	+126/+37
400	450	+45/+5	+68/+5	+97/0	+43/+23	+50/+23	+63/+23	+86/+23	+120/+23	+60/+40	+67/+40	+80/+40	+103/+40	+137/+40
450	500	+45/+5	+68/+5	+97/0	+43/+23	+50/+23	+63/+23	+86/+23	+120/+23	+60/+40	+67/+40	+80/+40	+103/+40	+137/+40

续表

公称尺寸/mm		公差带/μm												
		p					r					s		
大于	至	4	5	6	7	8	4	5	6	7	8	4	5	6
—	3	+9 +6	+10 +6	+12 +6	+16 +6	+20 +6	+13 +10	+14 +10	+16 +10	+20 +10	+24 +10	+17 +14	+18 +14	+20 +14
3	6	+16 +12	+17 +12	+20 +12	+24 +12	+30 +12	+19 +15	+20 +15	+23 +15	+27 +15	+33 +15	+23 +19	+24 +19	+27 +19
6	10	+19 +15	+21 +15	+24 +15	+30 +15	+37 +15	+23 +19	+25 +19	+28 +19	+34 +19	+41 +19	+27 +23	+29 +23	+32 +23
10	14	+23 +18	+26 +18	+29 +18	+36 +18	+45 +18	+28 +23	+31 +23	+34 +23	+41 +23	+50 +23	+33 +28	+36 +28	+39 +28
14	18	+23 +18	+26 +18	+29 +18	+36 +18	+45 +18	+28 +23	+31 +23	+34 +23	+41 +23	+50 +23	+33 +28	+36 +28	+39 +28
18	24	+28 +22	+31 +22	+35 +22	+43 +22	+55 +22	+34 +28	+37 +28	+41 +28	+49 +28	+61 +28	+41 +35	+44 +35	+48 +35
24	30	+28 +22	+31 +22	+35 +22	+43 +22	+55 +22	+34 +28	+37 +28	+41 +28	+49 +28	+61 +28	+41 +35	+44 +35	+48 +35
30	40	+33 +26	+37 +26	+42 +26	+51 +26	+65 +26	+41 +34	+45 +34	+50 +34	+59 +34	+73 +34	+50 +43	+54 +43	+59 +43
40	50	+33 +26	+37 +26	+42 +26	+51 +26	+65 +26	+41 +34	+45 +34	+50 +34	+59 +34	+73 +34	+50 +43	+54 +43	+59 +43
50	65	+40 +32	+45 +32	+51 +32	+62 +32	+78 +32	+49 +41	+54 +41	+60 +41	+71 +41	+87 +41	+61 +53	+66 +53	+72 +53
65	80	+40 +32	+45 +32	+51 +32	+62 +32	+78 +32	+51 +43	+56 +43	+62 +43	+73 +43	+89 +43	+67 +59	+72 +59	+78 +59
80	100	+47 +37	+52 +37	+59 +37	+72 +37	+91 +37	+61 +51	+66 +51	+73 +51	+86 +51	+105 +51	+81 +71	+86 +71	+93 +71
100	120	+47 +37	+52 +37	+59 +37	+72 +37	+91 +37	+64 +54	+69 +54	+76 +54	+89 +54	+108 +54	+89 +79	+94 +79	+101 +79
120	140	+55 +43	+61 +43	+68 +43	+73 +43	+100 +43	+75 +63	+81 +63	+88 +63	+103 +63	+126 +63	+104 +92	+110 +92	+117 +92
140	160	+55 +43	+61 +43	+68 +43	+73 +43	+100 +43	+77 +65	+83 +65	+90 +65	+105 +65	+128 +65	+112 +100	+118 +100	+125 +100
160	180	+55 +43	+61 +43	+68 +43	+73 +43	+100 +43	+80 +68	+86 +68	+93 +68	+108 +68	+131 +68	+120 +108	+126 +108	+133 +108
180	200	+64 +50	+70 +50	+79 +50	+96 +50	+122 +50	+91 +77	+97 +77	+106 +77	+123 +77	+149 +77	+136 +122	+142 +122	+151 +122
200	225	+64 +50	+70 +50	+79 +50	+96 +50	+122 +50	+94 +80	+100 +80	+109 +80	+126 +80	+152 +80	+144 +130	+150 +130	+159 +130
225	250	+64 +50	+70 +50	+79 +50	+96 +50	+122 +50	+98 +84	+104 +84	+113 +84	+130 +84	+156 +84	+154 +140	+160 +140	+169 +140
250	280	+72 +56	+79 +56	+88 +56	+108 +56	+137 +56	+110 +94	+117 +94	+126 +94	+146 +94	+175 +94	+174 +158	+181 +158	+190 +158
280	315	+72 +56	+79 +56	+88 +56	+108 +56	+137 +56	+114 +98	+121 +98	+130 +98	+150 +98	+179 +98	+186 +170	+193 +170	+202 +170
315	355	+80 +62	+87 +62	+98 +62	+119 +62	+151 +62	+126 +108	+133 +108	+144 +108	+165 +108	+197 +108	+208 +190	+215 +190	+226 +190
355	400	+80 +62	+87 +62	+98 +62	+119 +62	+151 +62	+132 +114	+139 +114	+150 +114	+171 +114	+203 +114	+226 +208	+233 +208	+244 +208
400	450	+88 +68	+95 +68	+108 +68	+131 +68	+165 +68	+146 +126	+153 +126	+166 +126	+189 +126	+223 +126	+252 +232	+259 +232	+272 +232
450	500	+88 +68	+95 +68	+108 +68	+131 +68	+165 +68	+152 +132	+159 +132	+172 +132	+195 +132	+229 +132	+272 +252	+279 +252	+292 +252

| 公称尺寸/mm | | 公差带/μm | | | | | | | | | | | | |
大于	至	s7	s8	t5	t6	t7	t8	u5	u6	u7	u8	v5	v6	v7
—	3	+24 +14	+28 +14	—	—	—	—	+22 +18	+24 +18	+28 +18	+32 +18	—	—	—
3	6	+31 +19	+37 +19	—	—	—	—	+28 +23	+31 +23	+35 +23	+41 +23	—	—	—
6	10	+38 +23	+45 +23	—	—	—	—	+34 +28	+37 +28	+43 +28	+50 +28	—	—	—
10	14	+46 +28	+55 +28	—	—	—	—	+41 +33	+44 +33	+51 +33	+60 +33	—	—	—
14	18	+46 +28	+55 +28	—	—	—	—	+41 +33	+44 +33	+51 +33	+60 +33	+47 +39	+50 +39	+57 +39
18	24	+56 +35	+68 +35	—	—	—	—	+50 +41	+54 +41	+62 +41	+74 +41	+56 +47	+60 +47	+68 +47
24	30	+56 +35	+68 +35	+50 +41	+54 +41	+62 +41	+74 +41	+57 +48	+61 +48	+69 +48	+81 +48	+64 +55	+68 +55	+76 +55
30	40	+68 +43	+82 +43	+59 +48	+64 +48	+73 +48	+87 +48	+71 +60	+76 +60	+85 +60	+99 +60	+79 +68	+84 +68	+93 +68
40	50	+68 +43	+82 +43	+65 +54	+70 +54	+79 +54	+93 +54	+81 +70	+86 +70	+95 +70	+109 +70	+92 +81	+97 +81	+106 +81
50	65	+83 +53	+90 +53	+79 +66	+85 +66	+96 +66	+112 +66	+100 +87	+106 +87	+117 +87	+133 +87	+115 +102	+121 +102	+132 +102
65	80	+89 +59	+105 +59	+88 +75	+94 +75	+105 +75	+121 +75	+115 +102	+121 +102	+132 +102	+148 +102	+133 +120	+139 +120	+150 +120
80	100	+106 +7	+125 +71	+106 +91	+113 +91	+126 +91	+145 +91	+139 +124	+146 +124	+159 +124	+178 +124	+161 +146	+168 +146	+181 +146
100	120	+114 +79	+133 +79	+119 +104	+126 +104	+139 +104	+158 +104	+159 +144	+166 +144	+179 +144	+198 +144	+187 +172	+194 +172	+207 +172
120	140	+132 +92	+155 +92	+140 +122	+147 +122	+162 +122	+185 +122	+188 +170	+195 +170	+210 +170	+233 +170	+220 +202	+227 +202	+242 +202
140	160	+140 +100	+163 +100	+152 +134	+159 +134	+174 +134	+197 +134	+208 +190	+215 +190	+230 +190	+253 +190	+246 +228	+253 +228	+268 +228
160	180	+148 +108	+171 +108	+164 +146	+171 +146	+186 +146	+209 +146	+228 +210	+235 +210	+250 +210	+273 +210	+270 +252	+277 +252	+292 +252
180	200	+168 +122	+194 +122	+186 +166	+195 +166	+212 +166	+238 +166	+256 +236	+265 +236	+282 +236	+308 +236	+304 +284	+313 +284	+330 +284
200	225	+176 +130	+202 +130	+200 +180	+209 +180	+226 +180	+252 +180	+278 +258	+287 +258	+304 +258	+330 +258	+330 +310	+339 +310	+356 +310
225	250	+186 +140	+212 +140	+216 +196	+225 +196	+242 +196	+268 +196	+304 +284	+313 +284	+330 +284	+356 +284	+360 +340	+369 +340	+386 +340
250	280	+210 +158	+239 +158	+241 +218	+250 +218	+270 +218	+299 +218	+338 +315	+347 +315	+367 +315	+396 +315	+408 +385	+417 +385	+437 +385
280	315	+222 +170	+251 +170	+263 +240	+272 +240	+292 +240	+321 +240	+373 +350	+382 +350	+402 +350	+431 +350	+448 +425	+457 +425	+477 +425
315	335	+247 +190	+279 +190	+293 +268	+304 +268	+325 +268	+357 +268	+415 +390	+426 +390	+447 +390	+479 +390	+500 +475	+511 +475	+532 +475
335	400	+265 +208	+297 +208	+319 +294	+330 +294	+351 +294	+383 +294	+460 +543	+471 +435	+492 +435	+524 +435	+555 +530	+566 +530	+587 +530
400	450	+295 +232	+329 +232	+357 +330	+370 +330	+393 +330	+427 +330	+517 +490	+530 +490	+553 +490	+587 +490	+622 +595	+635 +595	+658 +595
450	500	+315 +252	+349 +252	+387 +360	+400 +360	+423 +360	+457 +360	+567 +540	+580 +540	+603 +540	+637 +540	+687 +660	+700 +660	+723 +660

续表

公称尺寸/mm		公差带/μm												
		v	x				y				z			
大于	至	8	5	6	7	8	5	6	7	8	5	6	7	8
—	3	—	+24 +20	+26 +20	+30 +20	+34 +20	—	—	—	—	+30 +26	+32 +26	+36 +26	+40 +26
3	6	—	+33 +28	+36 +28	+40 +28	+46 +28	—	—	—	—	+40 +35	+43 +35	+47 +35	+53 +35
6	10	—	+40 +34	+43 +34	+49 +34	+56 +34	—	—	—	—	+48 +42	+51 +42	+57 +42	+64 +42
10	14	—	+48 +40	+51 +40	+58 +40	+67 +40	—	—	—	—	+58 +50	+61 +50	+68 +50	+77 +50
14	18	+66 +39	+53 +45	+56 +45	+63 +45	+72 +45	—	—	—	—	+68 +60	+71 +60	+78 +60	+87 +60
18	24	+80 +47	+63 +54	+67 +54	+75 +54	+87 +54	+72 +63	+76 +63	+84 +63	+96 +63	+82 +73	+86 +73	+94 +73	+106 +73
24	30	+88 +55	+73 +64	+77 +64	+85 +64	+97 +64	+84 +75	+88 +75	+96 +75	+108 +75	+97 +88	+101 +88	+109 +88	+121 +88
30	40	+107 +68	+91 +80	+96 +80	+105 +80	+119 +80	+105 +94	+110 +94	+119 +94	+133 +94	+123 +112	+128 +112	+137 +112	+151 +112
40	50	+120 +81	+108 +97	+113 +97	+122 +97	+136 +97	+125 +114	+130 +114	+139 +114	+153 +114	+147 +136	+152 +136	+161 +136	+175 +136
50	65	+148 +102	+135 +122	+141 +122	+152 +122	+168 +122	+157 +144	+163 +144	+174 +144	+190 +144	+185 +172	+191 +172	+202 +172	+218 +172
65	80	+166 +120	+159 +146	+165 +146	+176 +146	+192 +146	+187 +174	+193 +174	+204 +174	+220 +174	+223 +210	+229 +210	+240 +210	+256 +210
80	100	+200 +146	+193 +178	+200 +178	+213 +178	+232 +178	+229 +214	+236 +214	+249 +214	+268 +214	+273 +258	+280 +258	+293 +258	+312 +258
100	120	+226 +172	+225 +210	+232 +210	+245 +210	+264 +210	+269 +254	+276 +254	+289 +254	+308 +254	+325 +310	+332 +310	+345 +310	+364 +310
120	140	+265 +202	+266 +248	+273 +248	+288 +248	+311 +248	+318 +300	+325 +300	+340 +300	+368 +300	+383 +365	+390 +365	+405 +365	+428 +365
140	160	+291 +228	+298 +280	+305 +280	+320 +280	+343 +280	+358 +340	+365 +340	+380 +340	+403 +340	+433 +415	+440 +415	+455 +415	+487 +415
160	180	+315 +252	+328 +310	+335 +310	+350 +310	+373 +310	+398 +380	+405 +380	+420 +380	+443 +380	+483 +465	+490 +465	+505 +465	+528 +465
180	200	+356 +284	+370 +350	+379 +350	+396 +350	+422 +350	+445 +425	+454 +425	+471 +425	+497 +425	+540 +520	+549 +520	+566 +520	+592 +520
200	225	+382 +310	+405 +385	+414 +385	+431 +385	+457 +385	+490 +470	+499 +470	+516 +470	+542 +470	+595 +575	+604 +575	+621 +575	+647 +575
225	250	+412 +340	+445 +425	+454 +425	+471 +425	+497 +425	+540 +520	+549 +520	+566 +520	+592 +520	+660 +640	+669 +640	+686 +640	+712 +640
250	280	+466 +385	+498 +475	+507 +475	+527 +475	+556 +475	+603 +580	+612 +580	+632 +580	+661 +580	+733 +710	+742 +710	+762 +710	+791 +710
280	315	+506 +425	+548 +525	+557 +525	+577 +525	+606 +525	+673 +650	+682 +650	+702 +650	+731 +650	+813 +790	+822 +790	+842 +790	+871 +790
315	335	+564 +475	+615 +590	+626 +590	+647 +590	+679 +590	+755 +730	+766 +730	+787 +730	+819 +730	+925 +900	+936 +900	+957 +900	+989 +900
335	400	+619 +530	+685 +660	+696 +660	+717 +660	+749 +660	+845 +820	+856 +820	+877 +820	+909 +820	+1 025 +1 000	+1 036 +1 000	+1 057 +1 000	+1 089 +1 000
400	450	+692 +595	+767 +740	+780 +740	+803 +740	+837 +740	+947 +920	+960 +920	+983 +920	+1 017 +920	+1 127 +1 100	+1 140 +1 100	+1 163 +1 100	+1 197 +1 100
450	500	+757 +660	+847 +820	+860 +820	+883 +820	+917 +820	+1 027 +1 000	+1 040 +1 000	+1 063 +1 000	+1 097 +1 000	+1 277 +1 250	+1 290 +1 250	+1 313 +1 250	+1 347 +1 250

附表四　孔的极限偏差

公称尺寸/mm		公差带/μm												
		A				B				C				
大于	至	9	10	11	12	9	10	11	12	8	9	10	11	12
—	3	+295/+270	+310/+270	+330/+270	+370/+270	+165/+140	+180/+140	+200/+140	+240/+140	+74/+60	+85/+60	+100/+60	+120/+60	+160/+60
3	6	+300/+270	+318/+270	+345/+270	+390/+270	+170/+140	+188/+140	+215/+140	+260/+140	+88/+70	+100/+70	+118/+70	+145/+70	+190/+70
6	10	+316/+280	+338/+280	+370/+280	+430/+280	+186/+150	+208/+150	+240/+150	+300/+150	+102/+80	+116/+80	+138/+80	+170/+80	+230/+80
10	14	+333/+290	+360/+290	+400/+290	+470/+290	+193/+150	+220/+150	+260/+150	+330/+150	+122/+95	+138/+95	+165/+95	+205/+95	+275/+95
14	18	+333/+290	+360/+290	+400/+290	+470/+290	+193/+150	+220/+150	+260/+150	+330/+150	+122/+95	+138/+95	+165/+95	+205/+95	+275/+95
18	24	+352/+300	+384/+300	+430/+300	+510/+300	+212/+160	+244/+160	+290/+160	+370/+160	+143/+110	+162/+110	+194/+110	+240/+110	+320/+110
24	30	+352/+300	+384/+300	+430/+300	+510/+300	+212/+160	+244/+160	+290/+160	+370/+160	+143/+110	+162/+110	+194/+110	+240/+110	+320/+110
30	40	+372/+310	+410/+310	+470/+310	+560/+310	+232/+170	+270/+170	+330/+170	+420/+170	+159/+120	+182/+120	+220/+120	+280/+120	+370/+120
40	50	+382/+320	+420/+320	+480/+320	+570/+320	+242/+180	+280/+180	+340/+180	+430/+180	+169/+130	+192/+130	+230/+130	+290/+130	+380/+130
50	65	+414/+340	+460/+340	+530/+340	+640/+340	+264/+190	+310/+190	+380/+190	+490/+190	+186/+140	+214/+140	+260/+140	+330/+140	+440/+140
65	80	+434/+360	+480/+360	+550/+360	+660/+360	+274/+200	+320/+200	+390/+200	+500/+200	+196/+150	+224/+150	+270/+150	+340/+150	+450/+150
80	100	+467/+380	+520/+380	+600/+380	+730/+380	+307/+220	+360/+220	+440/+220	+570/+220	+224/+170	+257/+170	+310/+170	+390/+170	+520/+170
100	120	+497/+410	+550/+410	+630/+410	+760/+410	+327/+240	+380/+240	+460/+240	+590/+240	+234/+180	+267/+180	+320/+180	+400/+180	+530/+180
120	140	+560/+460	+620/+460	+710/+460	+860/+460	+360/+260	+420/+260	+510/+260	+660/+260	+263/+200	+300/+200	+360/+200	+450/+200	+600/+200
140	160	+620/+520	+680/+520	+770/+520	+920/+520	+380/+280	+440/+280	+530/+280	+680/+280	+273/+210	+310/+210	+370/+210	+460/+210	+610/+210
160	180	+680/+580	+740/+580	+830/+580	+980/+580	+410/+310	+470/+310	+560/+310	+710/+310	+293/+230	+330/+230	+390/+230	+480/+230	+630/+230
180	200	+775/+660	+845/+660	+950/+660	+1 120/+660	+455/+340	+525/+340	+630/+340	+800/+340	+312/+240	+355/+240	+425/+240	+530/+240	+700/+240
200	225	+855/+740	+925/+740	+1 030/+740	+1 200/+740	+495/+380	+565/+380	+670/+380	+840/+380	+332/+260	+375/+260	+445/+260	+550/+260	+720/+260
225	250	+935/+820	+1 005/+820	+1 110/+820	+1 280/+820	+535/+420	+605/+420	+710/+420	+880/+420	+352/+280	+395/+280	+465/+280	+570/+280	+740/+280
250	280	+1 050/+920	+1 130/+920	+1 240/+920	+1 440/+920	+610/+480	+690/+480	+800/+480	+1 000/+480	+381/+300	+430/+300	+510/+300	+620/+300	+820/+300
280	315	+1 180/+1 050	+1 260/+1 050	+1 370/+1 050	+1 570/+1 050	+670/+540	+750/+540	+860/+540	+1 060/+540	+411/+330	+460/+330	+540/+330	+650/+330	+850/+330
315	355	+1 340/+1 200	+1 430/+1 200	+1 560/+1 200	+1 770/+1 200	+740/+600	+830/+600	+960/+600	+1 170/+600	+449/+360	500/+360	+590/+360	+720/+360	+930/+360
355	400	+1 490/+1 350	+1 580/+1 350	+1 710/+1 350	+1 920/+1 350	+820/+680	+910/+680	+1 040/+680	+1 250/+680	+489/+400	+540/+400	+630/+400	+760/+400	+970/+400
400	450	+1 655/+1 500	+1 750/+1 500	+1 900/+1 500	+2 130/+1 500	+915/+760	+1 010/+760	+1 160/+760	+1 390/+760	+537/+440	+595/+440	+690/+440	+840/+440	+1 070/+440
450	500	+1 805/+1 650	+1 900/+1 650	+2 050/+1 650	+2 280/+1 650	+995/+840	+1 090/+840	+1 240/+840	+1 470/+840	+577/+480	+635/+480	+730/+480	+880/+480	+1 110/+480

注：公称尺寸小于 1 mm 时，各级的 A 和 B 均不采用。

续表

公称尺寸/mm		公差带/μm												
		D					E				F			
大于	至	7	8	9	10	11	7	8	9	10	6	7	8	9
—	3	+30 +20	+34 +20	+45 +20	+60 +20	+80 +20	+24 +14	+28 +14	+39 +14	+54 +14	+12 +6	+16 +6	+20 +6	+31 +6
3	6	+42 +30	+48 +30	+60 +30	+78 +30	+105 +30	+32 +20	+38 +20	+50 +20	+68 +20	+18 +10	+22 +10	+28 +10	+40 +10
6	10	+55 +40	+62 +40	+76 +40	+98 +40	+130 +40	+40 +25	+47 +25	+61 +25	+83 +25	+22 +13	+28 +13	+35 +13	+49 +13
10	14	+68 +50	+77 +50	+93 +50	+120 +50	+160 +50	+50 +32	+59 +32	+75 +32	+102 +32	+27 +16	+34 +16	+43 +16	+59 +16
14	18													
18	24	+86 +65	+98 +65	+117 +65	+149 +65	+195 +65	+61 +40	+73 +40	+92 +40	+124 +40	+33 +20	+41 +20	+53 +20	+72 +20
24	30													
30	40	+105 +80	+119 +80	+142 +80	+180 +80	+240 +80	+75 +50	+89 +50	+112 +50	+150 +50	+41 +25	+50 +25	+64 +25	+87 +25
40	50													
50	65	+130 +100	+146 +100	+174 +100	+2220 +100	+290 +100	+90 +60	+106 +60	+134 +60	+180 +60	+49 +30	+60 +30	+76 +30	+104 +30
65	80													
80	100	+155 +120	+174 +120	+207 +120	+260 +120	+340 +120	+107 +72	+126 +72	+159 +72	+212 +72	+58 +36	+71 +36	+90 +36	+123 +36
100	120													
120	140	+185 +145	+208 +145	+245 +145	+305 +145	+395 +145	+125 +85	+148 +85	+185 +85	+245 +85	+68 +43	+83 +43	+106 +43	+143 +43
140	160													
160	180													
180	200	+216 +170	+242 +170	+285 +170	+355 +170	+460 +170	+146 +100	+172 +100	+215 +100	+285 +100	+79 +50	+96 +50	+122 +50	+165 +50
200	225													
225	250													
250	280	+242 +190	+271 +190	+320 +190	+400 +190	+510 +190	+162 +110	+191 +110	+240 +110	+320 +110	+88 +56	+108 +56	+137 +56	+186 +56
280	315													
315	355	+267 +210	+299 +210	+350 +210	+440 +210	+570 +210	+182 +125	+214 +125	+265 +125	+355 +125	+98 +62	+119 +62	+151 +62	+202 +62
355	400													
400	450	+293 +230	+327 +230	+385 +230	+480 +230	+630 +230	+198 +135	+232 +135	+290 +135	+385 +135	+108 +68	+131 +68	+165 +68	+223 +68
450	500													

续表

公称尺寸/mm		公差带/μm												
		G				H								
大于	至	5	6	7	8	1	2	3	4	5	6	7	8	9
—	3	+6/+2	+8/+2	+12/+2	+16/+2	+0.8/0	+1.2/0	+2/0	+3/0	+4/0	+6/0	+10/0	+14/0	+25/0
3	6	+9/+4	+12/+4	+16/+4	+22/+4	+1/0	+1.5/0	+2.5/0	+4/0	+5/0	+8/0	+12/0	+18/0	+30/0
6	10	+11/+5	+14/+5	+20/+5	+27/+5	+1/0	+1.5/0	+2.5/0	+4/0	+6/0	+9/0	+15/0	+22/0	+36/0
10	14	+14/+6	+17/+6	+24/+6	+33/+6	+1.2/0	+2/0	+3/0	+5/0	+8/0	+11/0	+18/0	+27/0	+43/0
14	18	+14/+6	+17/+6	+24/+6	+33/+6	+1.2/0	+2/0	+3/0	+5/0	+8/0	+11/0	+18/0	+27/0	+43/0
18	24	+16/+7	+20/+7	+28/+7	+40/+7	+1.5/0	+2.5/0	+4/0	+6/0	+9/0	+13/0	+21/0	+33/0	+52/0
24	30	+16/+7	+20/+7	+28/+7	+40/+7	+1.5/0	+2.5/0	+4/0	+6/0	+9/0	+13/0	+21/0	+33/0	+52/0
30	40	+20/+9	+25/+9	+34/+9	+48/+9	+1.5/0	+2.5/0	+4/0	+7/0	+11/0	+16/0	+25/0	+39/0	+62/0
40	50	+20/+9	+25/+9	+34/+9	+48/+9	+1.5/0	+2.5/0	+4/0	+7/0	+11/0	+16/0	+25/0	+39/0	+62/0
50	65	+23/+10	+29/+10	+40/+10	+56/+10	+2/0	+3/0	+5/0	+8/0	+13/0	+19/0	+30/0	+46/0	+74/0
65	80	+23/+10	+29/+10	+40/+10	+56/+10	+2/0	+3/0	+5/0	+8/0	+13/0	+19/0	+30/0	+46/0	+74/0
80	100	+27/+12	+34/+12	+47/+12	+66/+12	+2.5/0	+4/0	+6/0	+10/0	+15/0	+22/0	+35/0	+54/0	+87/0
100	120	+27/+12	+34/+12	+47/+12	+66/+12	+2.5/0	+4/0	+6/0	+10/0	+15/0	+22/0	+35/0	+54/0	+87/0
120	140	+32/+14	+39/+14	+54/+14	+77/+14	+3.5/0	+5/0	+8/0	+12/0	+18/0	+25/0	+40/0	+63/0	+100/0
140	160	+32/+14	+39/+14	+54/+14	+77/+14	+3.5/0	+5/0	+8/0	+12/0	+18/0	+25/0	+40/0	+63/0	+100/0
160	180	+32/+14	+39/+14	+54/+14	+77/+14	+3.5/0	+5/0	+8/0	+12/0	+18/0	+25/0	+40/0	+63/0	+100/0
180	200	+35/+15	+44/+15	+61/+15	+87/+15	+4.5/0	+7/0	+10/0	+14/0	+20/0	+29/0	+46/0	+72/0	+115/0
200	225	+35/+15	+44/+15	+61/+15	+87/+15	+4.5/0	+7/0	+10/0	+14/0	+20/0	+29/0	+46/0	+72/0	+115/0
225	250	+35/+15	+44/+15	+61/+15	+87/+15	+4.5/0	+7/0	+10/0	+14/0	+20/0	+29/0	+46/0	+72/0	+115/0
250	280	+40/+17	+49/+17	+69/+17	+98/+17	+6/0	+8/0	+12/0	+16/0	+23/0	+32/0	+52/0	+81/0	+130/0
280	315	+40/+17	+49/+17	+69/+17	+98/+17	+6/0	+8/0	+12/0	+16/0	+23/0	+32/0	+52/0	+81/0	+130/0
315	355	+43/+18	+54/+18	+75/+18	+107/+18	+7/0	+9/0	+13/0	+18/0	+25/0	+36/0	+57/0	+89/0	+140/0
355	400	+43/+18	+54/+18	+75/+18	+107/+18	+7/0	+9/0	+13/0	+18/0	+25/0	+36/0	+57/0	+89/0	+140/0
400	450	+47/+20	+62/+20	+83/+20	+117/+20	+8/0	+10/0	+15/0	+20/0	+27/0	+40/0	+63/0	+97/0	+155/0
450	500	+47/+20	+62/+20	+83/+20	+117/+20	+8/0	+10/0	+15/0	+20/0	+27/0	+40/0	+63/0	+97/0	+155/0

公称尺寸/mm		公差带/μm												
		H				J			JS					
大于	至	10	11	12	13	6	7	8	1	2	3	4	5	6
—	3	+40 / 0	+60 / 0	+100 / 0	+140 / 0	+2 / −4	+4 / −6	+6 / −8	±0.4	±0.6	±1	±1.5	±2	±3
3	6	+48 / 0	+75 / 0	+120 / 0	+180 / 0	+5 / −3	—	+10 / −8	±0.5	±0.75	±1.25	±2	±2.5	±4
6	10	+58 / 0	+90 / 0	+150 / 0	+220 / 0	+5 / −4	+8 / −7	+12 / −10	±0.5	±0.75	±1.25	±2	±3	±4.5
10	14	+70 / 0	+110 / 0	+180 / 0	+270 / 0	+6 / −5	+10 / −8	+15 / −12	±0.6	±1	±1.5	±2.5	±4	±5.5
14	18													
18	24	+84 / 0	+130 / 0	+210 / 0	+330 / 0	+8 / −5	+12 / −9	+20 / −13	±0.75	±1.25	±2	±3	±4.5	±6.5
24	30													
30	40	+100 / 0	+160 / 0	+250 / 0	+390 / 0	+10 / −6	+14 / −11	+24 / −15	±0.75	±1.25	±2	±3.5	±5.5	±8
40	50													
50	65	+120 / 0	+190 / 0	+300 / 0	+460 / 0	+13 / −6	+18 / −12	+28 / −18	±1	±1.5	±2.5	±4	±6.5	±9.5
65	80													
80	100	+140 / 0	+220 / 0	+350 / 0	+540 / 0	+16 / −6	+22 / −13	+34 / −20	±1.25	±2	±3	±5	±7.5	±11
100	120													
120	140	+160 / 0	+250 / 0	+400 / 0	+630 / 0	+18 / −7	+26 / −14	+41 / −22	±1.75	±2.5	±4	±6	±9	±12.5
140	160													
160	180													
180	200	+185 / 0	+290 / 0	+460 / 0	+720 / 0	+22 / −7	+30 / −16	+47 / −25	±2.25	±3.5	±5	±7	±10	±14.5
200	225													
225	250													
250	280	+210 / 0	+320 / 0	+520 / 0	+810 / 0	+25 / −7	+36 / −16	+55 / −26	±3	±4	±6	±8	±11.5	±16
280	315													
315	355	+230 / 0	+360 / 0	+570 / 0	+890 / 0	+29 / −7	+39 / −18	+60 / −29	±3.5	±4.5	±6.5	±9	±12.5	±18
355	400													
400	450	+250 / 0	+400 / 0	+630 / 0	+970 / 0	+33 / −7	+43 / −20	+66 / −31	±4	±5	±7.5	±10	±13.5	±20
450	500													

续表

公称尺寸/mm		公差带/μm												
		JS							K					M
大于	至	7	8	9	10	11	12	13	4	5	6	7	8	9
—	3	±5	±7	±12	±20	±30	±50	±70	0 −3	0 −4	0 −6	0 −10	0 −14	−2 −5
3	6	±6	±9	±15	±24	±37	±60	±90	+0.5 −3.5	0 −5	+2 −6	+3 −9	+5 −13	−2.5 −6.5
6	10	±7	±11	±18	±29	±45	±75	±110	+0.5 −3.5	+1 −5	+2 −7	+5 −10	+6 −16	−4.5 −8.5
10	14	±9	±13	±21	±35	±55	±90	±135	+1 −4	+2 −6	+2 −9	+6 −12	+8 −19	−5 −10
14	18													
18	24	±10	±16	±26	±42	±65	±105	±165	0 −6	+1 −8	+2 −11	+6 −15	+10 −23	−6 −12
24	30													
30	40	±12	±19	±31	±50	±80	±125	±195	+1 −6	+2 −9	+3 −13	+7 −18	+12 −27	−6 −13
40	50													
50	65	±15	±23	±37	±60	±95	±150	±230	+1 −7	+3 −10	+4 −15	+9 −21	+14 −32	−8 −16
65	80													
80	100	±17	±27	±43	±70	±110	±175	±270	+1 −9	+2 −13	+4 −18	+10 −25	+16 −38	−9 −19
100	120													
120	140	±20	±31	±50	±80	±125	±200	±315	+1 −11	+3 −15	+4 −21	+12 −28	+20 −43	−11 −23
140	160													
160	180													
180	200	±23	±36	±57	±92	±145	±230	±360	0 −14	+2 −18	+5 −24	+13 −33	+22 −50	−13 −27
200	225													
225	250													
250	280	±26	±40	±65	±105	±160	±260	±405	0 −16	+3 −20	+5 −27	+16 −36	+25 −56	−16 −32
280	315													
315	355	±28	±44	±70	±115	±180	±285	±445	+1 −17	+3 −22	+7 −29	+17 −40	+28 −61	−16 −34
355	400													
400	450	±31	±48	±77	±125	±200	±315	±485	0 −20	+2 −25	+8 −32	+18 −45	+29 −68	−18 −38
450	500													

续表

公称尺寸/mm 大于	至	M 5	6	7	8	N 5	6	7	8	9	P 5	6	7	8
—	3	−2 / −6	−2 / −8	−2 / −12	−2 / −16	−4 / −8	−4 / −10	−4 / −14	−4 / −18	−4 / −29	−6 / −10	−6 / −12	−6 / −16	−6 / −20
3	6	−3 / −8	−1 / −9	0 / −12	+2 / −16	−7 / −12	−5 / −13	−4 / −16	−2 / −20	0 / −30	−11 / −16	−9 / −17	−8 / −20	−12 / −30
6	10	−4 / −10	−3 / −12	0 / −15	+1 / −21	−8 / −14	−7 / −16	−4 / −19	−3 / −25	0 / −36	−13 / −19	−12 / −21	−9 / −24	−15 / −37
10–14 / 14–18		−4 / −12	−4 / −12	0 / −18	+2 / −25	−9 / −17	−9 / −20	−5 / −23	−3 / −30	0 / −40	−15 / −23	−15 / −26	−11 / −29	−18 / −45
18–24 / 24–30		−5 / −14	−4 / −17	0 / −21	+4 / −29	−12 / −21	−11 / −24	−7 / −28	−3 / −36	0 / −52	−19 / −28	−18 / −31	−14 / −35	−22 / −55
30–40 / 40–50		−5 / −16	−4 / −20	0 / −25	+5 / −34	−13 / −24	−12 / −28	−8 / −33	−3 / −42	0 / −62	−22 / −33	−21 / −37	−17 / −42	−26 / −65
50–65 / 65–80		−6 / −19	−5 / −24	0 / −30	+5 / +41	−15 / −28	−14 / −33	−9 / −39	−4 / −50	0 / −74	−27 / −40	−26 / −45	−21 / −51	−32 / −78
80–100 / 100–120		−8 / −23	−6 / −28	0 / −35	+6 / −48	−18 / −33	−16 / −38	−10 / −45	−4 / −58	0 / −87	−32 / −47	−30 / −52	−24 / −59	−37 / −91
120–140 / 140–160 / 160–180		−9 / −27	−8 / −33	0 / −40	+8 / −55	−21 / −39	−20 / −45	−12 / −52	−4 / −67	0 / −100	−37 / −55	−36 / −61	−28 / −68	−43 / −106
180–200 / 200–225 / 225–250		−11 / −31	−8 / −37	0 / −46	+9 / −63	−25 / −45	−22 / −51	−14 / −60	−5 / −77	0 / −115	−44 / −64	−41 / −70	−33 / −79	−50 / −122
250–280 / 280–315		−13 / −36	−9 / −41	0 / −52	+9 / −72	−27 / −50	−25 / −57	−14 / −66	−5 / −86	0 / −130	−49 / −72	−47 / −79	−36 / −88	−56 / −137
315–355 / 355–400		−14 / −39	−10 / −46	0 / −57	+11 / −78	−30 / −55	−26 / −62	−16 / −73	−5 / 94	0 / −140	−55 / −80	−51 / 87	−41 / −98	−62 / −151
400–450 / 450–500		−16 / −43	−10 / −50	0 / −63	+11 / −86	−33 / −60	−27 / −67	−17 / −80	−6 / −103	0 / −155	−61 / −88	−55 / −95	−45 / −108	−68 / −165

注：①当公称尺寸在 250~315 mm 时，M6 的 ES 等于 −9（不等于 −11）。

②公称尺寸小于 1 mm 时，大于 IT8 的 N 不采用。

续表

公称尺寸/mm 大于	至	P9	R5	R6	R7	R8	S5	S6	S7	S8	T6	T7	T8	U9
—	3	-6 / -31	-10 / -14	-10 / -16	-10 / -20	-10 / -24	-14 / -18	-14 / -20	-14 / -24	-14 / -28	—	—	—	-18 / -24
3	6	-12 / -42	-14 / -19	-12 / -20	-11 / -23	-15 / -33	-18 / -23	-16 / -24	-15 / -27	-19 / -37	—	—	—	-20 / -28
6	10	-15 / -51	-17 / -23	-16 / -25	-13 / -28	-19 / -41	-21 / -27	-20 / -29	-17 / -32	-23 / -45	—	—	—	-25 / -34
10	14	-18 / -61	-20 / -28	-20 / -31	-16 / -34	-23 / -50	-25 / -33	-25 / -36	-21 / -39	-28 / -55	—	—	—	-30 / -41
14	18	-18 / -61	-20 / -28	-20 / -31	-16 / -34	-23 / -50	-25 / -33	-25 / -36	-21 / -39	-28 / -55	—	—	—	-30 / -41
18	24	-22 / -74	-25 / -34	-24 / -37	-20 / -41	-28 / -61	-32 / -41	-31 / -44	-27 / -48	-35 / -68	—	—	—	-37 / -50
24	30	-22 / -74	-25 / -34	-24 / -37	-20 / -41	-28 / -61	-32 / -41	-31 / -44	-27 / -48	-35 / -68	-37 / -50	-33 / -54	-41 / -74	-44 / -57
30	40	-26 / -88	-30 / -41	-29 / -45	-25 / -50	-34 / -73	-39 / -50	-38 / -54	-34 / -59	-43 / -82	-43 / -59	-39 / -64	-48 / -87	-44 / -71
40	50	-26 / -88	-30 / -41	-29 / -45	-25 / -50	-34 / -73	-39 / -50	-38 / -54	-34 / -59	-43 / -82	-49 / -65	-45 / -70	-54 / -93	-65 / -81
50	65	-32 / -106	-36 / -49	-35 / -54	-30 / -60	-41 / -87	-48 / -61	-47 / -66	-42 / -72	-53 / -99	-60 / -79	-55 / -85	-66 / -112	-81 / -100
65	80	-32 / -106	-38 / -51	-37 / -56	-32 / -62	-43 / -89	-54 / -67	-53 / -72	-48 / -78	-59 / -105	-69 / -88	-64 / -94	-75 / -121	-96 / -115
80	100	-37 / -124	-46 / -61	-44 / -66	-38 / -73	-51 / -105	-66 / -81	-64 / -86	-58 / -93	-71 / -125	-84 / -106	-78 / -113	-91 / -145	-117 / -139
100	120	-37 / -124	-49 / -64	-47 / -69	-41 / -76	-54 / -108	-74 / -89	-72 / -94	-66 / -101	-79 / -133	-97 / -119	-91 / -126	-104 / -158	-137 / -159
120	140	-43 / -143	-57 / -75	-56 / -81	-48 / -88	-63 / -126	-86 / -104	-85 / -110	-77 / -117	-92 / -155	-115 / -140	-107 / -147	-122 / -185	-163 / -188
140	160	-43 / -143	-59 / -77	-58 / -83	-50 / -90	-65 / -128	-94 / -112	-93 / -118	-85 / -125	-100 / -163	-127 / -152	-119 / -159	-134 / -197	-183 / -208
160	180	-43 / -143	-62 / -80	-61 / -86	-53 / -93	-68 / -131	-102 / -120	-101 / -126	-93 / -1333	-108 / -171	-139 / -164	-131 / -171	-146 / -209	203 / -228
180	200	-50 / -165	-71 / -91	-68 / -97	-60 / -106	-77 / -149	-116 / -136	-113 / -142	-105 / -151	-122 / -194	-157 / -186	-149 / -195	-166 / -238	-227 / -256
200	225	-50 / -165	-74 / -94	-71 / -100	-63 / -109	-80 / -152	-124 / -144	-121 / -150	-113 / -159	-130 / -202	-171 / -200	-163 / -209	-180 / -252	-249 / -278
225	250	-50 / -165	-78 / -98	-75 / -104	-67 / -113	-84 / -156	-134 / -154	-131 / -160	-123 / -169	-140 / -212	-187 / -216	-179 / -225	-196 / -268	-275 / -304
250	280	-56 / -186	-87 / -110	-85 / -117	-74 / -126	-94 / -175	-151 / -174	-149 / -181	-138 / -190	-158 / -239	-209 / -241	-198 / -250	-218 / -299	-306 / -338
280	315	-56 / -186	-91 / -114	-89 / -121	-78 / -130	-98 / -179	-163 / -186	-161 / -193	-150 / -202	-170 / -251	-231 / -263	-220 / -272	-240 / -321	-341 / -373
315	355	-62 / -202	-101 / -126	-97 / -133	-87 / -144	-108 / -197	-183 / -208	-179 / -215	-169 / -226	-190 / -279	-257 / -293	-247 / -304	-268 / -357	-379 / -415
355	400	-62 / -202	-107 / -132	-103 / -139	-93 / -150	-114 / -203	-201 / -226	-197 / -233	-187 / -244	-208 / -297	-283 / -319	-273 / -330	-294 / -383	-424 / -460
400	450	-68 / -223	-119 / -146	-113 / -153	-103 / -166	-126 / -223	-225 / -252	-219 / -259	-209 / -272	-232 / -329	-317 / -357	-307 / -370	-330 / -427	-477 / -517
450	500	-68 / -223	-125 / -152	-119 / -159	-109 / -172	-132 / -229	-245 / -272	-239 / -279	-229 / -292	-252 / -349	-347 / -387	-337 / -400	-360 / -457	-527 / -567

续表

公称尺寸/mm		公差带/μm													
大于	至	U		V			X			Y			Z		
		7	8	6	7	8	6	7	8	6	7	8	6	7	8
—	3	−18 −28	−18 −32	—	—	—	−20 −26	−20 −30	−20 −34	—	—	—	−26 −32	−26 −36	−26 −40
3	6	−19 −31	−23 −41	—	—	—	−25 −33	−24 −36	−28 −46	—	—	—	−32 −40	−31 −43	−35 −53
6	10	−22 −37	−28 −50	—	—	—	−31 −40	−28 −43	−34 −56	—	—	—	−39 −48	−36 −51	−42 −64
10	14	−26 −44	−33 −60	—	—	—	−37 −48	−33 −51	−40 −67	—	—	—	−47 −58	−43 −61	−50 −77
14	18			−36 −47	−32 −50	−39 −66	−42 −53	−38 −56	−45 −72	—	—	—	−57 −68	−53 −71	−60 −87
18	24	−33 −54	−41 −74	−43 −56	−39 −60	−47 −80	−50 −63	−46 −69	−54 −87	−59 −72	−55 −76	−63 −96	−69 −82	−65 −86	−73 −106
24	30	−40 −61	−48 −81	−51 −64	−47 −68	−55 −88	−60 −73	−56 −77	−64 −97	−71 −84	−67 −88	−75 −108	−84 −97	−80 −101	−88 −121
30	40	−51 −76	−60 −99	−63 −79	−59 −84	−68 −107	−75 −91	−71 −96	−80 −119	−89 −105	−85 −110	−94 −133	−107 −123	−103 −128	−112 −151
40	50	−61 −86	−70 −109	−76 −92	−72 −97	−81 −120	−92 −108	−88 −113	−97 −136	−109 −125	−105 −130	−114 −153	−131 −147	−127 −152	−136 −175
50	65	−76 −106	−87 −133	−96 −115	−91 −121	−102 −148	−116 −135	−111 −141	−122 −168	−138 −157	−133 −163	−144 −190	−166 −185	−161 191	−172 −218
65	80	−91 −121	−102 −148	−114 −133	−109 −139	−120 −166	−140 −159	−135 −165	−146 −192	−168 −187	−163 −193	−174 −220	−204 −223	−199 −229	−210 −256
80	100	−111 −146	−124 −178	−139 −161	−133 −168	−146 −200	−171 −193	−165 −200	−178 −232	−207 −229	−201 −236	−214 −268	−251 −273	−245 −280	−258 −321
100	120	−131 −166	−144 −198	−165 −187	−159 −194	−172 −226	−203 −225	−197 −232	−210 −264	−247 −269	−241 −276	−254 −308	−303 −325	−297 −332	−310 −364
120	140	−155 −195	−170 −233	−195 −220	−187 −227	−202 −265	−241 −266	−233 −273	−248 −311	−293 −318	−285 −325	−300 −363	−358 −383	−350 −390	−365 −428
140	160	−175 −215	−190 −253	−221 −246	−213 −253	−228 −291	−273 −298	−265 −305	−280 −343	−333 −358	−325 −365	−340 −403	−408 −433	−400 −440	−415 −478
160	180	−195 −235	−210 −273	−245 −270	−237 −277	−252 −315	−303 −328	−295 −335	−310 −373	−373 −398	−365 −405	−380 −443	−458 −483	−450 −490	−465 −528
180	200	−219 −265	−236 −308	−275 −304	−267 −313	−284 −356	−341 −370	−333 −379	−350 −422	−416 −445	−408 −454	−425 −497	−511 −540	−503 −549	−520 −592
200	225	−241 −287	−258 −330	−301 −330	−293 −339	−310 −382	−376 −405	−368 −414	−385 −457	−461 −490	−453 −499	−470 −542	−566 −595	−558 −604	−575 −647
225	250	−267 −313	−284 −356	−331 −360	−323 −369	−340 −412	−416 −445	−408 −454	−425 −497	−511 −540	−503 −549	−520 −592	−631 −660	−623 −669	−640 −712
250	280	−295 −347	−315 −396	−376 −408	−365 −417	−385 −466	−466 −498	−455 −507	−475 −556	−571 −603	−560 −612	−580 −661	−701 −733	−690 −742	−710 −791
280	315	−330 −382	−350 −431	−416 −448	−405 −457	−425 −506	−516 −548	−505 −557	−525 −606	−641 −673	−630 −682	−650 −731	−781 −813	−770 −822	−790 −871
315	355	−369 −426	−390 −479	−464 −500	−454 −511	−475 −564	−579 −615	−560 −626	−590 −679	−719 −755	−709 −766	−730 −819	−889 −925	−879 −936	−900 −989
355	400	−414 −471	−435 −524	−519 −555	−509 −566	−530 −619	−649 −685	−639 −696	−660 −749	−809 −845	−799 −856	−820 −909	−989 −1 025	−979 −1 036	−1 000 −1 089
400	450	−467 −530	−490 −587	−582 −622	−572 −635	−595 −692	−727 −767	−717 −780	−740 −837	−907 −947	−897 −969	−920 −1 017	−1 087 −1 127	−1 077 −1 140	−1 100 −1 197
450	500	−517 −580	−540 −637	−647 −687	−637 −700	−660 −757	−807 −847	−797 −860	−820 −917	−987 −1 027	−977 −1 040	−1 000 −1 097	−1 237 −1 277	−1 227 −1 290	−1 250 −1 347

附表五　普通螺纹偏差表（摘录）

直径分段 D，d/mm		螺距 P/mm	内螺纹/μm					外螺纹/μm				
>	≤		公差带	中径 D_2		小径 D_1		公差带	中径 d_2		大径 d	
				ES	EI	ES	EI		es	ei	es	ei
5.5	11.2	1	5G	+144	+26	+216	+26	5g6g	−26	−116	−26	−206
			5H	−118	0	+190	0	5h4h	0	−90	0	−112
			5H6H	+118	0	+236	0	5H6H	0	−90	0	−180
			6G	+176	+26	+262	+26	6e	−60	−172	−60	−240
			6H	+150	0	+236	0	6f	−40	−152	−40	−220
			7G	+216	+26	+326	+26	6g	−26	−138	−26	−206
			7H	+190	0	+300	0	6h	0	−112	0	−180
								7g6g	−26	−166	−26	−206
								7h6h	0	−140	0	−180
								8g	−26	−206	−26	−306
								8h	0	−180	0	−280
		1.25	4H	+100	0	+170	0	3h4h	0	−60	0	−132
			4H5H	+100	0	+212	0	4h	0	−75	0	−132
			5G	+153	+28	+240	+28	5g6g	−28	−123	−28	−240
			5H	+125	0	+212	0	5h4h	0	−95	0	−132
			5H6H	+125	0	+265	0	5h6h	0	−95	0	−212
			6G	+188	+28	+293	+28	6e	−63	−181	−63	−275
			6H	+160	0	+265	0	6f	−42	−160	−42	−254
			7G	+228	+28	+363	+28	6g	−28	−146	−28	−240
			7H	+200	0	+335	0	6h	0	−118	0	−212
								7g6g	−28	−178	−28	−240
								7h6h	0	−150	0	−212
								8g	−28	−218	−28	−363
								8h	0	−190	0	−335
		1.5	4H	+112	0	+190	0	3h4h	0	−67	0	−150
			4H5H	+112	0	+236	0	4h	0	−85	0	−150
			5G	+172	+32	+268	+32	5g6g	−32	−138	−32	−268
			5H	+140	0	+236	0	5h4h	0	−106	0	−150
			5H6H	+140	0	+300	0	5h6h	0	−106	0	−236
			6G	+212	+32	+332	+32	6e	−67	−199	−67	−303
			6H	+180	0	+300	0	6f	−45	−177	−45	−281
			7G	+256	+32	407	+32	6g	−32	−164	−32	−268
			7H	+224	0	+375	0	6h	0	−132	0	−236
								7g6g	−32	−202	−32	−268
								7h6h	0	−170	0	−236
								8g	−32	−244	−32	−407
								8h	0	−212	0	−375
11.2	22.4	0.5	4H	+75	0	+90	0	3h4h	0	−45	0	−67
			4H5H	+75	0	+112	0	4h	0	−56	0	−67
			5G	+115	+20	+132	+20	5g6g	−20	−91	−20	−126
			5H	+95	0	+112	0	5h4h	0	−71	0	−67
			5H6H	+95	0	+140	0	5h6h	0	−71	0	−106
			6G	+138	+20	+160	+20	6e	−50	−140	−50	−156
			6H	+118	0	+140	0	6f	−36	−126	−36	−142
			7G	+170	+20	+200	+20	6g	−20	−110	−20	−126
			7H	+150	0	+180	0	6h	0	−90	0	−106

续表

直径分段 D, d/mm		螺距 P/mm	内螺纹/μm					外螺纹/μm				
>	≤		公差带	中径 D_2		小径 D_1		公差带	中径 d_2		大径 d	
				ES	EI	ES	EI		es	ei	es	ei
11.2	22.4	0.75	4H	+90	0	+118	0	3h4h	0	−53	0	−90
			4H5H	+90	0	+150	0	4h	0	−67	0	−90
			5G	+134	+22	+172	+22	5g6g	−22	−107	−22	−162
			5H	+112	0	+150	0	5h4h	0	−85	0	−90
			5H6H	+112	0	+190	0	5h6h	0	−85	0	−140
			6G	+162	+22	+212	+22	6e	−56	−162	−56	−196
			6H	+140	0	+190	0	6f	−38	−144	−38	−178
			7G	+202	+22	+258	+22	6g	−22	−128	−22	−162
			7H	+180	0	+236	0	6h	0	−106	0	−140
								7g6g	−22	−154	−22	−162
								7h6h	0	−132	0	−140
		1	4H	+100	0	+150	0	3h4h	0	−60	0	−112
			4H5H	+100	0	+190	0	4h	0	−75	0	−112
			5G	+151	+26	+216	+26	5g6g	−26	−121	−26	−206
			5H	+125	0	+190	0	5h4h	0	−95	0	−112
			5H6H	+125	0	+236	0	5h6h	0	−95	0	−180
			6G	+186	+26	+262	+26	6e	−60	−178	−60	−240
			6H	+160	0	+236	0	6f	−40	−158	−40	−220
			7G	+226	+26	+326	+26	6g	−26	−144	−26	−206
			7H	+200	0	+300	0	6h	0	−118	0	−180
								7g6g	−26	−176	−26	−206
								7h6h	0	−150	0	−180
								8g	−26	−216	−26	−306
								8h	0	−190	0	−280
		1.25	4H	+112	0	+170	0	3h4h	0	−67	0	−132
			4H5H	+112	0	+212	0	4h	0	−85	0	−132
			5G	+168	+28	+240	+28	5g6g	−28	−134	−28	−240
			5H	+140	0	+212	0	5h4h	0	−106	0	−132
			5H6H	+140	0	+265	0	5h6h	0	−106	0	−212
			6G	+208	+28	+293	+28	6e	−63	−195	−63	−275
			6H	+180	0	+265	0	6f	−42	−174	−42	−254
			7G	+252	+28	+363	+28	6g	−28	−160	−28	−240
			7H	+224	0	+335	0	6h	0	−132	0	−212
								7g6g	−28	−198	−28	−240
								7h6h	0	−170	0	−212
								8g	−28	−240	−28	−363
								8h	0	−212	0	−335
		1.5	4H	+118	0	+190	0	3h4h	0	−71	0	−150
			4H5H	+118	0	+236	0	4h	0	−90	0	−150
			5G	+182	+32	+268	+32	5g6g	−32	−144	−32	−268
			5H	+150	0	+236	0	5h4h	0	−112	0	−150
			5H6H	+150	0	+300	0	5h6h	0	−112	0	−236
			6G	+222	+32	+332	+32	6e	−67	−207	−67	−303
			6H	+190	0	+300	0	6f	−45	−185	−45	−281
			7G	+268	+32	+407	+32	6g	−32	−172	−32	−268
			7H	+236	0	+375	0	6h	0	−140	0	−236

直径分段 D, d/mm		螺距 P/mm	内螺纹/μm					外螺纹/μm				
			公差带	中径 D_2		小径 D_1		公差带	中径 d_2		大径 d	
>	≤			ES	EI	ES	EI		es	ei	es	ei
11.2	22.4	1.5						7g6g	−32	−212	−32	−268
								7h6h	0	−180	0	−236
								8g	−32	−256	−32	−407
								8h	0	−224	0	−375
		1.75	4H	+125	0	+212	0	3h4h	0	−75	0	−170
			4H5H	+125	0	+265	0	4h	0	−95	0	−170
			5G	+194	+34	+299	+34	5g6g	−34	−152	−34	−299
			5H	+160	0	+265	0	5h4h	0	−118	0	−170
			5H6H	+160	0	+335	0	5h6h	0	−118	0	−265
			6G	+234	+34	+369	+34	6e	−71	−221	−71	−336
			6H	+200	0	+335	0	6f	−48	−198	−48	−313
			7G	+284	+34	+459	+34	6g	−34	−184	−34	−299
			7H	+250	0	+425	0	6h	0	−150	0	−265
								7g6g	−34	−224	−34	−299
								7h6h	0	−190	0	−265
								8g	−34	−270	−34	−459
								8h	0	−236	0	−425
		2	4H	+132	0	+236	0	3h4h	0	−80	0	−180
			4H5H	+132	0	+300	0	4h	0	−100	0	−180
			5G	+208	+38	+338	+38	5g6g	−38	−163	−38	−318
			5H	+170	0	+300	0	5h4h	0	−125	0	−180
			5H6H	+170	0	+375	0	5h6h	0	−125	0	−280
			6G	+250	+3	+413	+38	6e	−71	−231	−71	−351
			6H	+212	0	+375	0	6f	−52	−212	−52	−332
			7G	+303	+38	+513	+38	6g	−38	−198	−38	−318
			7H	+265	0	+475	0	6h	0	−160	0	−280
								7g6g	−38	−238	−38	−318
								7h6h	0	−200	0	−280
								8g	−38	−288	−38	−488
								8h	0	−250	0	−450
		2.5	4H	+140	0	+280	0	3h4h	0	−85	0	−212
			4H5H	+140	0	+355	0	4h	0	−106	0	−212
			5G	+222	+42	+397	+42	5g6g	−42	−174	−42	−377
			5H	+180	0	+355	0	5h4h	0	−132	0	−212
			5H6J	+180	0	+450	0	5h6h	0	−132	0	−335
			6G	+266	+42	+492	+42	6e	−80	−250	−80	−415
			6H	+224	0	+450	0	6f	−58	−228	−58	−393
			7G	+322	+42	+602	+42	6g	−42	−212	−42	−377
			7H	+280	0	+560	0	6h	0	−170	0	−335
								7g6g	−42	−254	−42	−377
								7h6h	0	−212	0	−335
								8g	−42	−307	−42	−572
								8h	0	−265	0	−530

续表

直径分段 D, d/mm		螺距 P/mm	内螺纹/μm					外螺纹/μm				
>	≤		公差带	中径 D_2		小径 D_1		公差带	中径 d_2		大径 d	
				ES	EI	ES	EI		es	ei	es	ei
22.4	45	0.75	4H	+95	0	+118	0	3h4h	0	−56	0	−90
			4H5H	+95	0	+150	0	4h	0	−71	0	−90
			5G	+140	+22	+172	+22	5g6g	−22	−112	−22	−162
			5H	+118	0	+150	+22	5h4h	0	−90	0	−90
			5H6H	+118	0	+190	0	5h6h	0	−90	0	−140
			6G	+172	+22	+212	22	6e	−56	−168	−56	−196
			6H	+150	0	+190	0	6f	−38	−150	−38	−178
			7G	+212	+22	+258	+22	6g	−22	−134	−22	−162
			7H	+190	0	+236	0	6h	0	−112	0	−140
								7g6g	−22	−162	−22	−162
								7h6h	0	−140	0	−140
		1	4H	+106	0	+150	0	3h4h	0	−63	0	−112
			4H5H	+106	0	+190	0	4h	0	−80	0	−112
			5G	+158	+26	+216	+26	5g6g	−26	−126	−26	−206
			5H	+132	0	+190	0	5h4g	0	−100	0	−112
			5H6H	+132	0	+236	0	5h6h	0	−100	0	−180
			6G	+196	+26	+262	+26	6e	−60	−185	−60	−240
			6H	+170	0	+236	0	6f	−40	−165	−40	−220
			7G	+238	+26	+326	+26	6g	−26	−151	−26	−206
			7H	+212	0	+300	0	6h	0	−125	0	−180
								7g6g	−26	−186	−26	−206
								7h6h	0	−160	0	−180
								8g	−26	−226	−26	−306
								8h	0	−200	0	−280
		1.5	4H	+125	0	+190	0	3h4h	0	−75	0	−150
			4H5H	+125	0	+236	0	4h	0	−95	0	−150
			5G	+192	+32	+268	+32	5g6g	−32	−150	−32	−268
			5H	+160	0	+236	0	5h4h	0	−118	0	−150
			5H6H	+160	0	+300	0	5h6h	0	−118	0	−236
			6G	+232	+32	+332	+32	6e	−67	−217	−67	−303
			6H	+200	0	+300	0	6f	−45	−195	−45	−281
			7G	+282	+32	+407	+32	6g	−32	−182	−32	−268
			7H	+250	0	+375	0	6h	0	−150	0	−236
								7g6g	−32	−222	−32	−268
								7h6h	0	−190	0	−236
								8g	−32	−268	−32	−407

参 考 文 献

［1］ 邬建忠．机械测量技术［M］．北京：电子工业出版社，2013．

［2］ 朱安莉．机械测量技术项目训练课程［M］．北京：高等教育出版社，2015．

［3］ 薛庆红．典型零件质量检测［M］．北京：高等教育出版社，2008．

［4］ 薛庆红．公差配合与技术测量［M］．北京：高等教育出版社，2018．

［5］ 王颖．公差选用与零件测量［M］．北京：高等教育出版社，2018．

［6］ 王希波．极限配合与技术测量［M］．4 版．北京：中国劳动社会保障出版社，2011．

［7］ 刘霞．公差配合与测量技术［M］．北京：机械工业出版社，2018．

［8］ 陈于萍．互换性与测量技术基础［M］．2 版．北京：机械工业出版社，2009．

［9］ 周文玲．互换性与测量技术［M］．北京：机械工业出版社，2017．

［10］ 冯忠伟．钳工实训［M］．上海：同济大学出版社，2017．